宋洪涛◎主编

城市垃圾管理与处理技术

中国原子能出版社

China Atomic Energy Press

图书在版编目（ＣＩＰ）数据

城市垃圾管理与处理技术 / 宋洪涛主编. —— 北京：
中国原子能出版社, 2020.7（2021.9重印）
　ISBN 978-7-5221-0707-3

　Ⅰ.①城… Ⅱ.①宋… Ⅲ.①城市—垃圾处理 Ⅳ.
①X799.305

　中国版本图书馆 CIP 数据核字(2020)第 133992 号

- -

城市垃圾管理与处理技术

出　　版	中国原子能出版社(北京市海淀区阜成路43号 100048)	
责任编辑	蒋焱兰（邮箱：ylj44@126.com QQ：419148731）	
特约编辑	马丽杰　单　涛	
印　　刷	三河市南阳印刷有限公司	
经　　销	全国新华书店	
开　　本	787mm×1092mm 1/16	
印　　张	10.75	
字　　数	150千字	
版　　次	2020年7月第1版	2021年9月第2次印刷
书　　号	ISBN 978-7-5221-0707-3	
定　　价	45.00元	

出版社网址：http://www.aep.com.cn　E-mail：atomep123@126.com
发行电话：010-68452845

前 言 ◀◀◀◀◀◀◀◀

　　随着社会的飞速发展,城市的垃圾问题越来越受到社会的关注。如何处理城市垃圾,如何降低城市垃圾对环境的影响,怎样将城市垃圾变废为宝,是实现社会可持续发展的重大议题,是重要的环境保护工程,也是全社会不可推卸的责任和义务。

　　根据《"十三五"全国城镇生活垃圾无害化处理设施建设规划》,"十三五"期间,国家对无害化处理城镇生活垃圾的设施建设投资总额累计达到了2518.4亿元。从中我们不难看出,我国对垃圾处理的问题十分看重,可以说是投入了大量的人力、物力与财力去治理。而城市垃圾的治理问题关乎民生,与每一个城市居民紧密相连。不难想象,如若对城市垃圾放任不管,那在不久的将来,城市居民的生活将是何种处境。城市垃圾的管理需要政府的支持、企业与民众的配合。对待城市垃圾的管理与处理的技术问题,全社会都需要参与进来,真正地关心城市的垃圾问题。在政府政策的支持下,增强公民的意识,使公民提高觉悟。只有每个人都意识到了垃圾处理的重要性,整个社会在对待垃圾的问题上才能取得更好的成效。

　　城市垃圾处理的首要问题是垃圾的收集与运输管理,从收运模式的设计与规划、城市垃圾收集站的运行等,到如何改进城市垃圾分类收集管理,这些环节环环相扣,每一方面都需要进行合理地安排。在城市垃圾完成收运工作后,如何进行分选也是需要研究的课题。各种分选技术的原理、这些技术适合何种情况、哪些技术更符合我国国情,都是促进城市垃圾收运管理的重要参考标准。垃圾分选完成后,这些城市垃圾接下来是选择填埋、焚烧，还是选择用生物处理或热解等新技术进行处理，也要根据城市垃圾的类型、特性进行合理选择，将这些垃圾对环境的影响降到最低。

生存环境关系到每一个人，严肃对待城市垃圾问题是保护环境的重要环节，任何时候我们都不能放松警惕。地球是我们赖以生存的家园，我们应当尽最大努力爱惜它、保护它，真正地做到在环境方面的可持续发展，这样空气便会更加清新，未来便会更加光明。

目 录 ◀◀ ◀◀ ◀◀ ◀

第一章　城市垃圾管理概述

第一节　我国垃圾的产生与处理现状

当下高度的城市化与持续的人口增长带来了快速的经济发展,同时也导致了全世界的城市垃圾数量的猛增。目前,全世界垃圾的平均增长率已经达到8.42%。在全球化的大背景下,我国的城市垃圾增长速度甚至超过了该数值,达到10%以上,这就不得不对城市垃圾的处理拿出有效的解决措施,并严肃地对待这个问题。

地球是人类共同的家园,我国必须高度重视环保工作,而影响我国环保发展的一个重要因素,就是垃圾分类。目前,我国将垃圾分类正式提上日程,2019年率先在上海实行了《上海市生活垃圾管理条例》,自此我国进入垃圾分类时代。在相应措施的实施下,配合人民环保意识的增强,结合我国城乡的实际情况,将多种分类收运方法在上海推广,逐步告别城乡垃圾混合收运模式,促进垃圾分类转运模式的更新和完善,让垃圾分类回收资源化利用形成产业化格局。在这一形势下,我国垃圾处理的方向以提高城乡生活垃圾处理的减量化、资源化和无害化水平为主,促进环保的同时实现经济效益。

除了垃圾分类,我国政府对垃圾处理也给予了高度支持。垃圾不再只是废物,高科技可将其变废为宝,并能从中获得巨大的经济效益,因此垃圾处理受到了市场的关注。根据《"十三五"全国城镇生活垃圾无害化处理设施建设规划》,"十三五"规划期间,我国政府下拨了大量资金用于建设无害化处理城镇生活垃圾,其投资总金额已经超过了2518亿元。其中,投资建设无害化处理设施的资金累计达到了1699.3亿元,投资建设收运转运体系的资金累计达到了257.8亿元,在专项餐厨垃圾工程的投入资金累计达到了183.5亿元,投资于存量整治工程的资金累计达到了241.4

亿元,投入垃圾分类示范工程的资金累计达到了94.1亿元,投资建设监管体系建设的资金累计达到了42.3亿元。

一、垃圾的危害

垃圾除了会带来蚊虫和异味之外,其自身也有着相当大的危害,而且危害范围广泛,不仅会占用土地等空间,还会对环境造成破坏,通过对土壤、水体、大气等的污染间接对人体健康造成危害。垃圾能够造成污染的组成部分主要有重金属及其化合物(主要元素为铜、铁、铅、汞等)、非金属无机污染物(如氨氮、硝氮、硫化合物、磷化合物等)和有机污染物(如BOD、COD等)三类。

(一)土壤污染

当空气中垃圾散发的污染物质通过雨水进入土壤,植物吸收了受到污染的雨水,体内积累有害物质,生长会出现各种问题。例如,在法国某地,土壤因为长期覆盖垃圾,导致铅、锌、铜的含量远远超过正常的土壤。可想而知,在这样的土壤中生长的植物,相比正常植物,其体内的重金属含量只会高不会低。而这些土壤里的重金属并不会因为这些植物被收获或者移走而消失,甚至在其上进行20年的耕作与收割,仅能减少0.5%的积蓄量。也就是说,当这些重金属渗入土壤,很可能在其中残留数千年。而这些留存在土壤里的重金属一旦被植物所吸收,人类和牲畜又通过食用这些植物会导致自身体内的重金属含量增加,严重影响人类身体健康。而重金属也会导致植物丧失根瘤结节能力,并使得土壤的微生态平衡被破坏,使得生物的固氮和营养素的循环被扰乱。

(二)水体污染

在一些环保意识薄弱的地方,有些人会将垃圾不经处理,直接倾倒或排放在水体之中,使得河道淤塞。除此之外,垃圾中的有害成分导致水生生物死亡,水体的水质恶化,形成生物死区。而降雨导致的雨水淋溶作用使得有害物质从地表水或土壤进入地下水,形成更为棘手的环境问题。发生在20世纪美国纽约的"拉夫运河"事件就是一个典型代表。运河周围被埋入大量化学垃圾,十余年后,污染进入地下水体,导致水井变臭,并且住在周围的人身体也出现了问题——儿童发育畸形、成人身患无名症,最终导致当地超过两百户居民被迫搬离,该地从此不再有人居住。而一些国家将放射性核废料投放在海洋中,也使得海洋水体受到了严重污染。

(三)大气污染

城市垃圾对大气产生污染,有三种方式。第一种,垃圾在堆放、转运以及储存的过程中,这些垃圾里的病原体和小颗粒的污染物会跟随大气对流而扩散,造成大气的污染;第二种,在用垃圾进行好氧堆肥和厌氧发酵处理的过程中,会产生含有氨、硫化物等具有恶臭气味的气体,除此之外还会生成多种致癌、致畸的物质,挥发有机化合物;第三种,进行焚烧处理的垃圾会因为化学反应,生成含有二噁英等的有毒废气,使得大气被污染。

(四)土地浪费

大量城市垃圾的生成,使得我国大中城市或多或少地出现了垃圾包围城市的情况。每日城市产生的大量垃圾需要堆放、储存和处理,这导致寸土寸金的城市土地被浪费。而这些土地在堆放和处理垃圾时,土壤和植被也被破坏,导致生态失衡。我国是人口大国,民众需要足够的生存空间,垃圾占用大量的土地空间,势必会影响到我国居民的生活质量,甚至威胁到居民的身体健康。

二、城市垃圾产生量与影响因素

(一)城市垃圾的产生量

《中华人民共和国固体废物污染环境防治法》第十二条明确规定,"大、中城市人民政府环境保护行政主管部门应当定期发布固体废物的种类、产生量、处置状况等信息。"按照生态环境部《大中城市固体废物污染环境防治信息发布导则》要求,各省(区、市)生态环境厅(局)应规范和严格信息发布制度,在每年6月5日前发布辖区内的大、中城市固体废物污染环境防治信息,并于6月30日前汇总上报。

2019年,全国共有200个大、中城市向社会发布了2018年固体废物污染环境防治信息。其中,应开展信息发布工作的47个环境保护重点城市和55个环境保护模范城市均已按照规定发布信息,另外还有98个城市自愿开展了信息发布工作。经统计,此次发布信息的大、中城市一般工业固体废物产生量为15.5亿t,工业危险废物产生量为4643.0万t,医疗废物产生量为 81.7 万 t，生活垃圾产生量为 21 147.3 万 t。

由此可见，我国的城市垃圾产生量相当大，如果不针对城市垃圾采取有效措施，很可能会导致一系列严重的环境问题，威胁到环境的质量与我国居民的身体健康，而一旦造成严重后果，就需要国家花大代价去挽救城市垃圾带来的危害。回想第二次工业革命时，国外曾因为一味重视工业发展而对环境造成相当大的破坏，空气、水体等都受到了不同程度的污染。因此，要想避免付出巨大的环境乃至经济代价，就需要重视垃圾处理问题。

（二）城市垃圾产生的影响因素

第一个因素，是城市人口数量。随着经济的发展与人们生活条件的提升，城市不断发展，人口不断增长，使得城市人口消费水平不断提升，大量生活、医疗、工业等垃圾量与日俱增[①]。第二个因素，是 GDP。随着经济发展水平的提高，人们有了更多的消费选择，日常消费量相较以前也有着不小的增长，这就意味着会产生更多的垃圾。第三个因素，是人均可支配收入。这一项指标通常用于衡量一个地区人民生活水平的变化情况。人均可支配收入越高，消费水平越高，直接影响着垃圾量的增长。第四个因素，是人均消费性支出。这个因素跟前三个因素息息相关，人均消费性支出越高，垃圾产生量越大。第五个因素，是城市建成区面积。该项因素用来衡量城市建设水平的高低，而这与清扫面积有着密切的联系，清扫面积的大小也对垃圾的产生有着影响。

三、城市垃圾成分与影响因素

（一）成分及分类

1. 一般工业固体废物

2018 年，200 个大、中城市一般工业固体废物产生量达 15.5 亿 t，综合利用量 8.6 亿 t，处置量 3.9 亿 t，储存量 8.1 亿 t，倾倒丢弃量 4.6 万 t。一般工业固体废物综合利用量占利用处置总量的 41.7%，处置和储存分别占比 18.9% 和 39.3%，综合利用仍然是处理一般工业固体废物的主要途径，部分城市对历史堆存的一般工业固体废物进行了有效利用和处置。

①胡春芳. 我国城市生活垃圾分类处理现状及推进对策[J]. 环境与发展,2020,32(03):[9+62.

2.工业危险废物

2018年,200个大、中城市工业危险废物产生量达4643.0万t,综合利用量2367.3万t,处置量2482.5万t,贮存量562.4万t。工业危险废物综合利用量占利用处置总量的43.7%,处置、储存分别占比45.9%和10.4%,有效利用和处置是处理工业危险废物的主要途径,部分城市对历史堆存的危险废物进行了有效地利用和处置。

3.医疗废物

2018年,200个大、中城市医疗废物产生量81.7万t,处置量81.6万t,大部分城市的医疗废物都得到了及时妥善处置。

4.城市生活垃圾

2018年,200个大、中城市生活垃圾产生量21147.3万t,处置量21 028.9万t,处置率达99.4%。

(二)影响垃圾成分的因素

垃圾成分的构成受多方因素的影响,比如地理条件、生活习惯、居民生活水平和民用燃料结构的影响。我国城市垃圾在产量迅速增加的同时,垃圾构成也发生了很大的变化,表现为有机物增加,可燃物增多,可利用价值增大。

1.民用燃料结构对垃圾构成的影响

民用燃料一般可以划分为燃气和燃煤,这对垃圾的成分组成有着不小的影响。在燃煤区中,无机组分的含量较高,且废渣很少用作可回收废品。燃气区则不然,其无机组分较前者要低。随着生活的发展,城市民用燃料的消费结构也在发生着改变,这是影响城市垃圾构成的另一因素。集中供热和煤气在城市里的普及使得市民在燃料方面的消费结构也发生了改变。市民日常产生的垃圾中,煤灰占比下降,因此,垃圾中的含水量相对来说上升了。另外,通常情况下,燃煤区的生活水平相较于燃气区会偏低,这在一定程度上导致燃煤区垃圾里可回收利用的物质没有燃气区的多。

2.居民生活水平和消费结构对垃圾构成的影响

居民生活水平和消费结构的改变不仅是影响城市垃圾的产生量的重要因素,也是影响垃圾成分的重要因素。近20年来,居民生活水平不断提高,与此同时,城镇居民产生的垃圾成分也发生了相应的变化。影响垃圾构成的最大因素是居民的生活水平和消费结构的改变。改革开放以来,城市垃圾中煤渣含量持续下降,而易腐垃圾和废品含量有所增长。同一城市不同地区的垃圾成分也有所不同。高级住宅区的垃圾中可回收废物(塑料、纸类、金属、织物和玻璃等)的含量明显高于普通住宅区。但是,由于普通居民生活水平还不高,垃圾中厨余物含量较高,因而垃圾含水率较高、热值较低。

3.城市特征对垃圾构成的影响

我国各地区经济发展不平衡,这使我国城市垃圾的构成和特性有很大的不均匀性。城市垃圾的产生量及其构成与城市的规模、性质、功能和地理位置有很大关系,其特点如下:①大城市的垃圾在构成方面,与中小城市存在着显著的不同;②中小城市的居民消费水平及生活能源气化率都比较低,有机物成分在生活垃圾总量中占比较小,无机物成分占比较大,其余为废品;③城市气化率、集中供热面积及人均煤购买量对垃圾的产量和构成具有明显的影响;④包装废弃物在城市垃圾中的比重增加,是造成城市垃圾增长的重要原因之一。

四、城市垃圾的收集与回收利用现状

(一)城市垃圾收运现状

随着城市的发展,我国为城市垃圾收运方面配备的设施逐年增加。随着科技的进步,城市垃圾收运模式正向着封闭、先进和高效率方向发展。但由于各个城市经济发展水平和经济发展模式不同,目前已实行垃圾密闭运输的城市只占少数。

(二)城市垃圾中废旧物资回收利用现状

城市生活水平的提高使得城市垃圾中那些可回收的废品占比越来越高,这对向来重视废物回收利用的我国来说,无疑是一个好机会。但由于在废品回收方面我国还有部分城市尚未发布强制性规定,并且在经济方面没有吸引力足够强的机制,而以废品回收为依靠的回收公司经营机制未得到完善,我国城市垃圾中的废旧物资回收利用现状尚待改进。

五、城市垃圾污染处理现状

城市垃圾处理工作在我国的起步较晚,目前,经济实力尚有欠缺的城市采取最多的方式仍然是将垃圾在市郊的土地空间上进行露天掩埋,这就导致许多城市被垃圾所包围,而这些垃圾影响周围的水体生态平衡和空气质量情况,土壤也被严重污染。将城市垃圾进行无害化处理已迫在眉睫,需要及时有效地解决。

政府的高度重视带动民众的环保意识提高,目前,民众对城市垃圾的无害化、循环利用方面的关注度已经越来越高,并积极地付诸行动。这在处理技术上体现为由传统的露天堆放转变为先进的卫生填埋。我国目前最常用的城市生活垃圾处理处置方式为卫生填埋和露天堆放,占总处理量的79.2%;采用堆肥化,占总处理量的18.8%;少量的采用焚烧技术,约占总处理量的2%。

第二节　城市垃圾污染防治政策与任务

为引导城市垃圾处理与资源化,促进经济、社会和环境的可持续发展,增强民众环保意识,我国颁布了一系列促进城市生活垃圾处理和利用的相关法律法规、标准规范和技术政策,鼓励生活垃圾的资源化处理,提高人居环境质量,促进生态文明发展。

一、相关法律法规

(一)《宪法》

《宪法》对国家机关和整个社会生活进行调整,是公民权利的保障书,作为国家根本大法,具有不同于一般法律的特殊性。《宪法》虽然没有直接规定城市生活垃圾处理方面的条款,但是在第二十六条中规定"国家保护和改善生活环境和生态环境,防治污染和其他公害"是我国环境保护方面立法的根本原则与要求,是从宏观角度总领全局的规定。城市生活垃圾处理工作属于环境保护的内容之一,而《宪法》的法律地位,决定了与城市生活垃圾处理有关的各项法律法规、制度都必须符合第二十六条的规定,将其作为指导原则[1]。

---

①边策. 防治城市垃圾污染的哲学思考及政策研究[D]. 锦州:渤海大学,2014.

(二)《环境保护法》

《中华人民共和国环境保护法》是中国环境保护事业的一个里程牌，该法的颁布标志着中国环境保护事业走上了法治化的轨道。该法在第六条规定"一切单位和个人都有保护环境的义务，并有权对污染和破坏环境的单位和个人进行检举和控告"，概括性地表述了"环境保护，人人有责"的观点，也规定了公众进行各项活动时应尽的义务。

对城市生活垃圾进行处理是环境保护工作之一，理所应当在这第六条规定的指引下有计划、分阶段地开展。另外，第四十九条规定"禁止将不符合农用标准和环境保护标准的固体废物、废水施入农田"和第五十一条规定"各级人民政府应当统筹城乡建设污水处理设施及配套管网，固体废物的收集、运输和处置等环境卫生设施，危险废物集中处置设施、场所以及其他环境保护公共设施，并保障其正常运行"，这些是我国对固体废物排放标准做出的规定。城市生活垃圾属于固体废物范畴，对于它的处理也应当在这些规定指导下，严格执行国家标准，以不损害环境的合理方式开展。

(三)《中华人民共和国固体废物污染环境防治法》（2020年修订）

2020年4月29日，《中华人民共和国固体废物污染环境防治法》（以下简称"新固废法"）修订通过，共九章一百二十六条，自2020年9月1日起施行。其中，对生活垃圾、医疗废弃物和建筑垃圾等均进行了更严格、更明确的规范。

此次修改固废法，坚持以人民为中心的发展思想，贯彻新发展理念，突出问题导向，总结实践经验，回应人民群众期待和实践需求，健全固体废物污染环境防治长效机制，用最严格的制度、最严密的法治保护生态环境。

无论是医疗废物的处置与管理，还是生活垃圾分类制度的落实，新版固废法均给出了明确的说明。新固废法是打好污染防治攻坚战的法律保障，事关人民群众生命安全和身体健康，保护和改善生态环境，推进生态文明建设，人人有责，人人更应尽责。

(四)《中华人民共和国循环经济促进法》

《中华人民共和国循环经济促进法》旨在促进循环经济发展、提高资源利用效率、保护和改善环境、实现可持续发展，该法第四十一条明确规定"县级以上人民政府应当统筹规划建设城乡生活垃圾分类收集和资源化利用设施,建立和完善分类收集和资源化利用体系,提高生活垃圾资源化率"。该法将城市生活垃圾处理、资源循环利用与社会可持续发展联系在一起,可以作为全面实行城市生活垃圾分类处理的法律依据。

二、相关标准规范

我国现行城市生活垃圾处理与资源化的相关标准规范主要体现在生活垃圾分类分选、生活垃圾填埋场、生活垃圾焚烧场、生活垃圾堆肥处理场和生活垃圾综合处理场资源利用技术要求五个方面。

目前,与城市生活垃圾收集、处理过程各环节技术要求相对应的工程技术标准主要包括《城市环境卫生设施规划规范》(GB/T 50337—2018)、《大件垃圾收集和利用技术要求》(GB/T 25175—2010)、《生活垃圾转运站技术规范》(CJJ/T 47—2016)、《生活垃圾卫生填埋处理技术规范》(GB 50869—2013)、《生活垃圾焚烧处理工程技术规范》(CJJ 90—2009)和《生活垃圾堆肥处理技术规范》(CJJ52—2014)等。另外,现存的办法条例包括《一般工业固体废物贮存、处置场污染控制标准》(GB 18599—2001)、《固体废物鉴别标准通则》(强制国标 GB 34330—2017)、《医疗废物集中焚烧处置工程建设技术规范》(HJ/T 177—2005)等。

(一)关于生活垃圾分类分选的标准规范

《城市环境卫生设施规划规范》(GB/T 50337—2018)要求规划设置的城市环境卫生设施必须从整体上满足城市生活垃圾收集、运输、处理和处置等功能,贯彻城市生活垃圾处理"无害化、减量化和资源化"原则,实现城市生活垃圾的分类收集、分类运输、分类处理和分类处置。此外,国家发布实施《城市生活垃圾分类及其评价标准》(CJJ/T 102—2004),是为了进一步促进城市生活垃圾的分类收集和资源化利用,使城市生活垃圾分类规范、收集有序和有利处理。《大件垃圾收集和利用技术要求》(GB/T 25175—2010)规定了大件垃圾的分类、收集、运输与贮存要求和再使用、拆解、再生利用要求以及残余物处置要求,适用于城市生活垃圾中大件垃圾的收集和利用,其他来源的大件垃圾利用可参照执行。

（二）关于生活垃圾填埋场的标准规范

1.《生活垃圾卫生填埋处理技术规范》

《生活垃圾卫生填埋处理技术规范》（GB 50869—2013）适用于新建、改建和扩建的城市生活垃圾卫生填埋处理工程的选址、设计、施工、验收及作业管理。该规范要求填埋场必须进行防渗处理，防止对地下水和地表水的污染，同时还应防止地下水进入填埋区；必须设置有效的填埋气体导排设施，填埋气体严禁自然聚集、迁移等，防止引起火灾和爆炸；应按建设、运行、封场、跟踪监测及场地再利用等程序进行管理，且填埋场封场设计应考虑地表水径流、排水防渗、填埋气体的收集、植被类型、填埋场的稳定性及土地利用等因素。

2.《生活垃圾填埋场污染控制标准》

《生活垃圾填埋场污染控制标准》（GB 16889—2008）规定填埋场的选址应符合当地城市总体规划、区域环境规划及城市环境卫生专业规划等工业规划要求，且与当地的大气防护、水土资源保护、大自然保护及生态平衡要求一致，由建设项目所在地的建设、规划、环保、环卫、国土资源、水利、卫生监督等有关部门和专业设计单位的有关专业技术人员参加。填埋场必须铺设防渗系统和收集渗滤液，处理达标后排放，防止对地下水和地表水造成污染，同时还应防止地下水进入填埋区；设置有效的填埋气体导排设施，填埋气体严禁自然聚集、迁移等，防止引起火灾；填埋场封场设计应考虑地表水径流、排水防渗、填埋气体的收集、植被类型、填埋场的稳定性及土地利用等因素。

3.《生活垃圾卫生填埋场封场技术规范》

当填埋场填埋作业至设计终场标高或不再受纳垃圾而停止使用时，需按照《生活垃圾卫生填埋场封场技术规范》（GB 51220—2017）对生活垃圾填埋场进行封场。封场前应勘察与分析垃圾场发生火灾、爆炸、垃圾堆体崩塌等安全隐患，并设置填埋气体收集和处理系统与渗滤液收集处理系统，保证设施完好和有效运行。

（三）关于生活垃圾焚烧场的标准规范

1.《生活垃圾焚烧处理工程技术规范》

《生活垃圾焚烧处理工程技术规范》（CJJ 90—2009）适用于以焚烧方法处理城市生活垃圾的新建和改扩建工程。垃圾焚烧场的处理规模应根据城市环境卫生专业规划、垃圾处理设施规划和服务区范围的垃圾产生量预测,由经济性、技术可行性和可靠性等因素来确定;焚烧线数量和单条焚烧线额定处理规模应根据焚烧场处理规模和所选炉型的技术成熟度等因素确定;地址应满足工程建设的工程地质条件、水文地质条件、必需的电力供应、可靠的防洪和排涝措施;与服务区之间应有良好的道路交通条件,不受洪水、湖水或内涝的威胁;具备灰渣处理与处置的场所,配置烟气净化系统,满足生产、生活的供水水源和污水排放条件。

总平面布置应有利于减少垃圾运输和处理过程中的恶臭、粉尘、噪声、污水等对周围环境的影响,防止各设施间的交叉污染,焚烧垃圾产生的热能应加以有效利用。

2.生活垃圾焚烧污染控制标准

《生活垃圾焚烧污染控制标准》(GB 18485—2014)规定生活垃圾焚烧场选址应符合当地城乡建设总体规则和环境保护规划的规定,生活垃圾焚烧场的垃圾应储存于垃圾贮存仓内,生活垃圾焚烧工艺应符合当地的大气污染防治、水资源保护、自然保护的要求,危险废物不得进入生活垃圾焚烧场处理流程。

3.生活垃圾综合处理与资源利用技术要求

为促进我国城市生活垃圾的资源化利用,提高生活垃圾的回收利用率,减少和控制生活垃圾回收和资源化利用过程中的污染,规范生活垃圾综合处理工作和管理,推进生活垃圾的资源化进程,我国开发了生活垃圾综合处理技术,即城市生活垃圾从单一处理模式向综合利用模式发展,最终实现生活垃圾零排放。

《生活垃圾综合处理与资源利用技术要求》(GB/T 25180—2010)规定一切工业固体废物或者来源不清的垃圾均不得进入生活垃圾综合处理场;进入生活垃圾综合处理场的生活垃圾在处理前必须对其进行预处理,改善简单处理时存在的不理想条件,使之建立有利于处理的工况和条件,达到理想的处理效果;根据不同地区、不同种类的垃圾,选择投资小、运行稳定和操作简便的垃圾综合处理工艺,在同等功效的基础上尽量降低污染和能耗;规定在城市生活垃圾的处理、资源化利用以及最终处置过程中,应当采取相应措施,防止对环境造成二次污染以及对人体健康产生危害;规定在经济合理的原则下,对经常操作且稳定性要求较高的设备和监控部分,应尽可能采用机械化、自动化控制,以方便管理,降低劳动程度;规定生活垃圾综合处理场在选址、设计、施工及污染控制等方面还应符合国家现行的有关强制性标准、定额和指标的规定。

三、相关技术政策

我国一些行政法规和部门规章也对城市生活垃圾处理进行了规定,包括各地区颁布的《城市市容和环境卫生管理条例》。建设部、国家环境保护局、科学技术部联合发布的《城市生活垃圾处理及污染防治技术政策》(建城〔2000〕120号)等。

建设部颁布的《城市生活垃圾管理办法》(2007年7月1日起实施),对整个城市垃圾的清扫、收集、运输、处置,各部门的监管责任及违法者的责任都做了详细规定。其中,第三条规定"城市生活垃圾的治理,实行减量化、资源化、无害化和谁产生、谁依法负责的原则。国家采取有利于城市生活垃圾综合利用的经济、技术政策和措施,提高城市生活垃圾治理的科学技术水平,鼓励对城市生活垃圾实行充分回收和合理利用",这对城市生活垃圾处理遵循的原则、预期实现的目标和我国现阶段城市生活垃圾回收利用等提出了概括性规定。按照《城市生活垃圾管理办法》第四条对有关垃圾收费事项的规定"产生城市生活垃圾的单位和个人,应当按照城市人民政府确定的生活垃圾处理费收费标准和有关规定缴纳城市生活垃圾处理费",说明目前我国城市生活垃圾处理收费制度已经在地方开展,并且有了原则性的规定,对于日后建立与完善相关法律、法规意义重大。

此外,《再生资源回收管理办法》(2007年5月1日起施行)和《废弃电器电子产品回收处理管理条例》(国务院令第551号)等为城市生活垃圾分类收集提供了指导原则与基本依据。《城市生活垃圾处理及污染防治技术政策》(建城〔2000〕120号)、《生活垃圾处理技术指南》(建城〔2010〕61号)等技术政策均为城市生活垃圾处理提供了技术要求和依据。

第三节　国内外城市垃圾处理发展态势

全球化的形势下,垃圾整治问题不再只是单个国家需要面对的问题,而是全人类需要共同解决的重要问题。地球只有一个,当生态平衡被严重破坏,我们赖以栖居的家园便会受到伤害,这影响到了每个人的生活质量和人身健康。由此,许多国家纷纷出台相应对策,根据各国国情,共同对城市垃圾处理制定相应的措施。

一、国内城市垃圾处理发展态势

(一)加大宣传力度,实现减量化

从政府宣传方面,通过新媒体等平台,对市民的消费进行引导,如减少一次性购物袋的使用、减少精装品的购买、简化礼品的包装,通过号召和引导民众在消费上进行合理规划,避免不必要的垃圾产生的同时,呼吁民众重复使用可循环使用的物品,如手提袋等,在此基础上,再开展垃圾分类活动。

(二)细化垃圾分类,实现资源化

通过相关法律法规的制定,根据每个城市自身的发展情况,将垃圾分类机制完善,并在相应区域内安置分类垃圾桶,以更好地完善垃圾处理体系。从垃圾的投放、收运、处理、回收等环节相互衔接和配合,将"互联网+资源回收"作为新模式进行推广,让垃圾分类不再局限于线下操作。普通民众可根据手机App查询所要投放的垃圾的类型,以更好地配合政府实施垃圾分类措施,共同将资源利用最大化,使人人都具有参与感。

(三)进行综合处理,实现无害化

由于消费选择的增多、工业技术的发展、医疗用品的开销增大,我国城市垃圾目前主要为混合原生垃圾,这就导致这些垃圾如果直接进行填埋处理,会对环境造成不可逆的破坏,因此,需要综合处理。而进行综合处理,就需要对可回收垃圾先回收,再通过分拣、转换、加工等环节,达到循环利用的目的。对待不可回收垃圾则需根据垃圾的类型选择填埋、焚烧或是其他技术进行处理,如可用作发电等。除此之外,对于有害垃圾,则需要专门的技术进行无害化处理。

(四)引入社会资本,实现产业化

针对城市垃圾的处理,企业也可以通过参与政府推行的城市垃圾PPP、特许经营与环境污染第三方处理等模式,在处理城市垃圾的基础上获取相应的社会效益和经济效益,以科学技术为支持,共同推进城市垃圾处理产业化的进程,真正地实现垃圾减量,垃圾资源化、无害化。

解决垃圾处理问题,首先从经济问题入手。当民众认识到环境责任可以通过某种模式被经济量化,触及自身实实在在的经济利益,其将对环境问题有具体和切实的认识,自觉性将得到有效提高。同时鼓励企业参与垃圾处理项目,在融资等渠道开绿灯,在保证经济发展的前提下,得到良好的环境治理效果。但不能盲目地号召企业参与,而要对想要参与的企业进行考核,达到标准后方可进入,否则,很可能会产生社会负效应。

(五)全生命周期系统管理

在当下的城市垃圾控制策略上,由于我国在以往未对垃圾处理引起足够的重视,局限在条块分割的模式,这就导致了对垃圾的处理集中在终端上,而没有从根本源头上进行解决。就像一个人的发展,不能只往一个方向冲,而是要全面发展,因此,如果想要更高效地改善环境和更有效地处理城市垃圾,就要从全生命周期入手,对整个过程中的每一环节进行管理,这样综合起来的效益才能更优,否则容易形成只有一部分民众、企业对垃圾处理高度重视的情况。

二、国外城市垃圾处理发展态势

(一)提倡垃圾分类和回收利用

如果要想实现分类收集,就需要尽最大努力将垃圾回收,并通过处理达成资源化的有效利用。城市垃圾种类颇多,且性质不一,如果将所有垃圾都按同样的方式进行处理,很可能造成反效果,即对环境造成二次污染、对人体健康造成损害。其实,垃圾中能够被回收利用的物质有许多,比如纸类、金属类等,这些成分如果挑出来进行适当的处理,就能够循环使用,减轻地球的资源负担。如果将一些适宜的有机垃圾挑选出来,进行焚烧或降解处理,就能得到用于供热或发电的甲烷等气体,为节约能源贡献出一份力,在一定程度上,还能优化我国能源的产业结构。垃圾分类无疑是收集环节上需要重点关注的一点,需要将这个观念深入到民众的生活中去。

在国际上,对垃圾分类的各有各的处理方式,一般来说都是根据自身国情制定的。下面就瑞士和美国两个国家进行举例说明。

1.瑞士的垃圾分类

瑞士的垃圾分类系统水平在国际上处于领先地位。绝大部分的玻璃容器都得到了资源再利用,并且瑞士政府对违反垃圾分类法律法规的人进行高额罚款,使得民众的垃圾分类意识极强,垃圾分类观念深入民心。同时,在公共场合还设立了专门的垃圾警察,用来监督垃圾分类的实施情况。

除此之外,在日内瓦的街道上还放置了专门收集破碎或不规则的废弃玻璃瓶的金属容器,这些玻璃垃圾按照颜色的不同来分别进行收集。在购物中心和学校附近还安置了废电池盒,用来将废电池全部收集起来,避免电池形成的渗滤液对土壤产生难以逆转的破坏。

2.美国的包装处理

美国政府对违规丢弃垃圾的民众也制定了相应的罚款制度,并且对包装容器的处置也有着严格的界定。美国政府明文规定民众有参与垃圾分类的责任和义务,另外,还对企业做出要求,生产商需要对产品的包装支付相应的处理费用。因此,美国长期处理垃圾的方法之一,便是尽可能地最小化包装,采用环保的包装,使得民众能够循环使用。甚至在某些州,还有着包装垃圾抵押制度,也就是说,消费者在购买包装食品后,要支付相应的抵押金,当其将废弃包装归还时,才能拿回这笔抵押金[1]。

可以发现,国外通常是制定严格的法律制度来提高民众的自觉性,使得民众在内心意识到垃圾分类的重要性。另外,再通过大量的垃圾分类设施的安置,使得民众能够有地方投放分好类的垃圾。

(二)提倡垃圾减量

要想真正地解决垃圾问题,就需要从源头进行,即要对垃圾做减量处理。减量并不是说不产生垃圾,而是通过技术处理和转化,使得垃圾成

---

①张红,李纯.国际科技动态跟踪 城市垃圾处理[M].北京:清华大学出版社,2013.

为资源,从而能够再次利用或循环利用。实现垃圾减量的效果不言而喻,能够有效提高对垃圾的管理水平,并且使城市的环境质量得到提升和优化。

在国外,许多国家会以多种活动来控制垃圾的产出。下面以法国的"垃圾减量周"为例,具体说明。

法国政府提倡民众从日常生活入手,从而达到垃圾减量的目的。具体内容有以下三个方面。

1.选择合适的垃圾堆肥

政府号召民众收集厨房和花园垃圾,用作日常自种植物的堆肥,这样一来,不仅土壤的质量得到修复与提高,还能够减少垃圾运输的成本。理论上,如果每个民众都能听从这项号召,那么每年人均可减少40 kg的垃圾。

2.动手修理坏掉的电器

当家用电器出现了故障,法国政府号召民众自己修理,或者向专业人员求助,这样一来,就减少了新产品的购买,从源头上减少了电器垃圾的产生。

3.张贴"停止发放广告"的标语

号召民众在自己门口贴上"停止发放广告"的标签,如此一来,不仅能将民众从垃圾广告的干扰中解脱出来,还能减少每年人均15 kg的垃圾产生。

(三)加强生化处理

由于城市垃圾中纸类、有机类物质增加,国外加强通过化学、生物转化制备液态、气态燃料回收利用能源,同时生产肥料。垃圾中的纸、食品、厨余物等通过水解、糖化、发酵制取乙醇。厌氧发酵制取甲烷、二氧化碳等气体和固体废渣,甲烷气体用作燃料,固体废渣用作肥料。近年来,国外十分注重将城市固态废物中的有机物质和河道、湖泊、城市污水处理场等的淤泥、活性污泥混合进行生化处理,以增强厌氧消化能力,提高甲烷的产率。

第二章 城市垃圾收集与运输管理

根据我国的具体国情与城市垃圾收运管理模式,下面通过对收运模式的规划,转运站的运行、收集、分类、转运等方面技术的分析,来探讨城市垃圾收运系统。

第一节 城市垃圾收运模式规划

一、城市生活垃圾收运模式设计建设要求

城市垃圾收运管理的制度体系对收运模式的设计尤为看重,这是因为城市垃圾的处置系统包含了垃圾的收集、运输、中转和处理这四个方面,而要想达到收运模式运行效果的最大化,就需要这四个方面发挥所长并相互配合。如果这四个方面中的某一环节出现问题,导致与其他环节脱节,就很可能导致收运模式出现问题,加剧对环境的破坏,同时增加人工成本和其他补救措施的实施成本。而城市垃圾收运系统主要由前三个环节相互配合组成,需要用到的硬件设施有各种收集和运输车辆(机械)、输送设备、转运设备及辅助设备(如收集容器等),而相应的操作规程、管理制度和作业方式等为该系统的支持软件。城市生活垃圾收运模式的设计建设是在以上条件下进行的,已按照可持续发展要求确定了生活垃圾处理的方针、政策,对生活垃圾的产量及成分做了预测,已经确定了生活垃圾处理方法及选定了处理地点。衡量一个收运系统的优劣应从以下几个方面进行。

(一)与系统前后环节的配合

收运系统的前部环节为垃圾的产生源,如居民小区、企事业单位、工厂等。垃圾产生源是否向终端转移,是判断一个收运系统是否合理的标

准之一,这样能使得垃圾在收运环节中,保证密闭性,同时高效快捷,减轻社会经济负担。收运系统的后续环节为垃圾的处理消纳。

收运系统与垃圾处理之间的协调为以下内容。

1.工艺协调

常用的垃圾处理工艺有焚烧、堆肥和填埋,其他形式的具有资源化、能源化的处理方法也在迅速发展。由于中国垃圾成分的多样化,没有一种处理工艺能对所有的垃圾达到最佳的处理效果,因此综合处理仍是目前最提倡的处理办法。

工艺协调是收集系统与垃圾处理工艺的协调。若一个城市采用综合处理方式,则在收运系统的设计上应考虑分类收集的可能性。而单一的填埋处理显然无须进行分类收集。

2.接合点的协调

收运系统与垃圾处理场接合点的协调,通常为垃圾运输(或中转)车辆与处理场卸料点的配合。这种配合决定了垃圾处理场卸料点的条件及垃圾运输(或转运)车辆的形式(包括卸料方式)。

(二)对环境的影响

垃圾收运系统对环境的影响有对外部环境的影响和内部环境的影响之分。应严格避免系统对外部环境的影响,包括垃圾的二次污染(如垃圾在运输途中的散落、污水泄漏等)、嗅觉污染(如散发臭气)、噪声污染(主要由机械设备产生)和视觉污染(如不整洁的车容、车貌)等,对系统内部环境的影响主要指作业环境不良。

(三)劳动条件的改善

一个合理的收运系统应最大限度地解放劳动力,降低人的劳动强度,改善劳动条件。因此,合理的收运系统应具有较高的机械化、自动化和智能化程度。

(四)经济性

经济性是衡量一个收运系统优劣的重要指标,其量化的综合评价指标是收运单位量垃圾的费用,简称单位收运费。影响单位收运费的因素很多,主要有收运方式、运输距离、收运系统设备的配置情况及管理体系等。

单位收运费由两部分组成,即固定投资的折旧费和日常运行费。固定投资为收运系统中的硬件设施投资,而折旧费的计算又与设施的折旧年限成线性关系。在通常的计算中,折旧年限按某种约定确定。而对于收运系统,由于其前后环节的变化,或者在一个经济发展较快的城市中,其本身发生变革的可能性较大,从而会大大缩短其折旧年限,导致单位收运费的增加。因此,一个技术先进、适应未来发展要求的收运系统,可能比投资较少但只满足当前要求的收运系统更为经济。

二、城市垃圾收运模式

收集和运输环节是每个收运系统共有的,而中转环节则可能在一些系统中无须设置。是否设置中转环节,是根据垃圾从产生源至处理地的运输距离、垃圾收集车辆的运输能力及垃圾量来确定的。

其中,中转可能是一次,也可以有多次。因此,从有无中转环节来区分,垃圾收运系统可分为无中转收运模式和有中转收运模式。垃圾收运模式还可以从收集的方式上加以区分。目前使用的垃圾收集方式主要有车辆流动收集(或称无站式收集)、收集房收集、动力管道收集。

车辆流动收集是利用收集车辆(如后装垃圾车、侧装垃圾车等),对分散于各收集点的垃圾(桶装、袋装或散装)进行收集的一种方法。收集后的垃圾直接或经中转后运往垃圾处理场。

车辆流动收集方式较适用于人口密度低、车辆可方便进出的地区。这种方法在西欧使用很普遍。国内一些人口密度较低的中、小城市,或大城市的周边地区,也适用这种方法。车辆流动收集方式的优点是灵活性较大,垃圾的收集点可随时变更,但由于车辆必须到收集点进行收集作业,因此会对收集点周围环境造成影响(如噪声、粉尘等)[1]。

收集站(也称中转站)收集,是利用设立于垃圾产生区域的固定站来进行垃圾收集的一种方法。来自产生源的垃圾,一般通过人力或机动小车运至收集站。收集站中,安装有将垃圾从小车向运输车集装箱体转移的设施并具有压缩功能。收集站收集方式较适用于人口密度大、区内道路窄小的城区,一些对噪声等污染控制要求较高,即实行上门收集或分类收集的地区,也较适宜采用这种收集方式。

---

①李炳辉. 城市环卫车调度系统建模与控制策略的研究[D]. 合肥:合肥工业大学,2018.

收集站收集方式在我国采用非常广泛。20世纪70~80年代普遍采用非压缩式收集（中转）方式，到了20世纪90年代，随着垃圾成分的变化及收集（中转）技术的发展，开始全面采用压缩收集（中转）的方式。

值得指出的是，在我国采用收集站收集的许多地区，其收集点尚未找到合适的垃圾接纳方式，严重影响了周围环境。这种情况下推荐采用容器定点或上门收集方式（袋装化对后续处理不利，应加以抵制）。

收集站收集的一般流程为垃圾通过收集站收集后，直接由车辆运至垃圾处理场或进入大型中转站。动力管道收集是一种技术难度较大的收集方式，多采用空气动力或采用螺旋输送。动力管道收集主要使用于居住密度较大的高层住宅群。由于这种系统投资较大，日常运行费用也高，因此只有少数发达国家使用。

三、收运系统模式的设计建设

收运系统模式设计建设内容包括：确定采用有中转收运模式或无中转收运模式；确定生活垃圾收集方式，即流动车辆收集或收集站收集；配置系统硬件（包括车辆、中转站布点及设备等）；制订作业规程。

收集系统模式设计建设的一般步骤如下：①进行城市生活垃圾产量、成分统计及预测，生活垃圾分布及预测；②按照可持续发展的要求，制订城市生活垃圾处理规划，包括处理工艺、处理场设置点及处理能力确定；③按照整洁、卫生、经济、方便、协调原则确定生活垃圾收集方式；④按照经济、协调原则确定是否采用中转；⑤根据经济、协调原则及城市基本情况（如道路情况等）配置系统硬件；⑥根据经济、协调及系统硬件的特性制订作业规程。

城市垃圾收运模式的设计建设不只是实现城市垃圾减量的有效方式，也是真正将国家节能减排政策落到实处的措施。这需要政府集思广益，并将合理的设计建设方案予以实现。通过科学技术与现代化管理手段的支持，来达到收运管理的各个环节的完善，并且引导民众自觉参与进来，增强环保意识。

第二节 城市垃圾收集站运行管理

一、收集方式

生活垃圾收集是收集设备、设施和收集作业方式等要素的组合,是生活垃圾从源头向处理场、处置场或转运站转移的全过程[①]。

(一)露天堆放收集

这种收集方式是我国较为常见的传统收集模式,主要存在于中小城市郊区与部分农村地区。这种方式主要分为两种形式,第一种是散装堆放收集,第二种为垃圾池散装堆放收集。而在这种方式下,所采用的垃圾运输车多为敞开式和自卸式,会造成所经之处垃圾的泄露、臭气的溢出等问题,将污染范围扩大。

(二)垃圾房收集

垃圾房收集是一种以垃圾房为基本设施的垃圾收集系统,主要分为散装垃圾房收集和桶装垃圾房收集两种形式。散装垃圾房内部设置有垃圾堆放平台,垃圾的装车主要由人力完成,散装垃圾房内工作环境差,工人工作效率低,并容易造成对周边环境的污染。桶装垃圾房由于内部设置有垃圾桶,装车一般由垃圾车完成,实现了垃圾的不落地收集,对周边环境污染较小。

1.散装垃圾房收集方式

散装垃圾房收集作业流程如图2-1所示,生活垃圾袋装后由居民送入放置于住宅楼下或进出道路两侧的小型垃圾桶内或投放点,清洁工将垃圾送至垃圾房,垃圾一般散堆在垃圾房的垃圾池内。运输时一般由人工装入垃圾车内,然后运往垃圾处理场或中转站。由于垃圾一般散堆在垃圾池内,时间稍长就会产生臭气,滋生蚊蝇。在实际操作中,大部分散装垃圾房已改为定时垃圾收集站。散装垃圾房清扫困难,加大了环卫工人的劳动强度,且容易造成二次污染。

---

①杨港.浅议城市生活垃圾清运的困局和出路[J].农家参谋,2018(11):212.

图2-1 散装垃圾房收集作业流程图

2.桶装垃圾房收集方式

桶装垃圾房收集作业流程如图2-2所示。居民将日常垃圾装入垃圾袋后,放入小区或道路边的垃圾桶中,环卫工人根据时间安排,定时把垃圾送往桶装垃圾房,再由专门的垃圾车将其运输至处理场或者中转站进行处理。

图2-2 桶装垃圾房收集作业流程图

就现状而言,桶装垃圾房存在着一些问题,例如面积过小、容器配备不足等,因此,环卫部门每日需多次对同一桶装垃圾房进行清理和将其中的垃圾运走,使得管理和运输成本增加。不过,桶装垃圾房也有着自身的优势,那就是其密闭化的设计,使得垃圾不容易对周围环境造成二次污染,避免了影响周围居民的生活和健康。

(三)垃圾车收集

垃圾车收集方式也被叫作垃圾车流动收集,主要指的是在某一时间段内,垃圾车对居民生活区、公司办公区等放置在路边的袋装垃圾进行收集和运输。实行这种收集方式,就需要在路边安放垃圾收集容器。以居民生活区为例,居民一般将袋装垃圾投放进生活区中对应的垃圾桶,再由环卫工人运送至装车地点,最后由流动垃圾车装车后,运送到处理场或者中转站。

一般来说,垃圾收集车有两种形式,分别为具有自装卸功能的侧装式垃圾车和具有压缩功能的后装压缩式垃圾车。后一种垃圾车因其具有压缩功能,装载量较大,收运效率高,是今后垃圾收集车发展的方向。

(四)收集站收集

目前国内各城市收集站的名称并不一致,例如有收集站、小型压缩转运站、小型中转站等各种称谓。收集站的规模也不确定,一般在几吨到上百吨之间,没有明确的界限。在设计建设过程中,规模较大的收集站参考中转站的相关标准,较小的收集站主要考虑满足厂家设备的要求。这里主要介绍上海常用的小型压缩收集站的收集方式。

小型压缩收集站(简称收集站)是20世纪90年代发展起来的环卫收集设施,这种设施的使用减少了居民生活垃圾收集点数量,提高了垃圾收运效率,实现了垃圾运输的集装化,提高了居民生活区环境质量。

(五)垃圾管道收集

1.重力垃圾管道收集系统

重力垃圾管道收集是指生活垃圾由居民从设置在每层楼内的垃圾倾倒口投入垃圾管道内,垃圾依靠自重下落到垃圾管道底部,由清洁工装入垃圾收集车,送往垃圾处理场或垃圾转运站。重力垃圾管道曾经是我国广泛采用的高层及多层住宅垃圾收集设施。清运垃圾时,清洁工将垃圾出口闸门打开后,垃圾直接进入垃圾收集车内。但在这种垃圾收集过程中,轻质物和灰尘四处飘扬,由于没有垃圾渗滤液收集导排系统,垃圾道出口附近污水聚集,天热时臭气扩散,容易成为蚊蝇滋生地和老鼠藏身地。

由于垃圾收集过程中的二次污染严重,近年来,新建的住宅楼大都取消了垃圾管道,采用其他方式收集垃圾。2007年起,上海用三年时间,对本市住宅小区高层住宅楼现存的788道垃圾管道实行全部封闭改造。

2.气力垃圾管道收集系统

气力垃圾管道收集,是指通过预先铺设好的管道系统,利用负压技术将生活垃圾抽送至中央垃圾收集站,再由压缩车运送至垃圾处理场的过程。它是国外发达国家近年来发展的一种高效、卫生的垃圾收集方法。它主要适用于高层公寓楼房、现代化住宅密集区、商业密集区及一些对环境要求较高的地方。优点:①垃圾流密封、隐蔽,和人流完全隔离,有效地杜绝了收集过程中的二次污染,如臭味、蚊蝇、噪声和视觉污染;②显著降低了垃圾收集的劳动强度,提高收集效率,优化环卫工人劳动环境;③取消手推车、垃圾桶、箩筐等传统垃圾收集工具,基本避免了垃圾运输车辆穿行于居住区,减轻了交通压力和环境污染;④垃圾收集、压缩可以全天候自动运行,垃圾成分不受雨季影响,有利于填埋场、焚烧场的稳定运行;⑤可利用一套公共管道收集系统分别收集可回收和不可回收垃圾。

缺点:①一次性投资大;②对系统的维护和管理要求较高。

我们可以看出,由于气力垃圾管道收集系统建设和运行费用昂贵,目前在国内的应用范围十分有限,但它在开发区、奥运村、高层住宅小区、别墅群、飞机场、大型游乐场等地区的应用优势明显。

二、作业方式

(一)上门收集和定点收集

作业方式按收集的场所可分为上门收集和定点收集。

1.上门收集

上门收集指由小区清洁工在楼层和单元口进行收集,或作业单位沿街店铺上门收集,送至垃圾房或小型压缩收集站(或居民小区综合处理站),主要特点是以密集型劳动力代替密集型收集点,减少了污染点。

2.定点收集

定点收集包括固定式垃圾池收集、露天垃圾容器点收集,垃圾房收集等。

(二)定时收集和随时收集

作业方式按收集的时间可分为定时收集和随时收集。

1.定时收集

这是一种以垃圾定时收集为基本特征的垃圾收集方式。作业单位定时到垃圾产生源收集,采用标准的人力封闭收集车送至标准的小型压缩收集站,或采用标准的人力封闭收集车送至转运站、处理场。

2.随时收集

随时收集是根据垃圾产生者的要求随时收集。对垃圾产生量无规律的区城,适于采用随时收集的方法。

三、常用收集设备

(一)小型垃圾收集车

小型垃圾收集车按动力可分为人力车、机动车辆和电动车辆。早期,我国的垃圾收集主要是靠人力推车或人力三轮垃圾收集车来实现,这些人力收集车每天定时去居民楼的垃圾通道口或是居民区内的垃圾倾倒点收集垃圾,然后将垃圾运至固定的垃圾堆放点。现在,由于灵活便利和经济等原因,一些地方仍在使用人力三轮车,如用于小区内垃圾收集及街道和居民区保洁等,作业范围较小。

(二)自卸式垃圾车

自卸式垃圾车工作原理跟自卸式货车相同,厢体可以自卸,如同翻斗车、自卸车。装载垃圾时需要人力操作,运输到垃圾倾倒点,车辆液压顶升起后将垃圾从车厢后部直接倾倒即可。自卸式垃圾车按车厢类型可分为密封自卸式垃圾车和敞开自卸式垃圾车。

密封式垃圾车通过车厢加盖的方式进行密封,装卸垃圾时厢盖开启,运输时厢盖关闭。厢盖的开启主要有厢盖前移、厢盖左右侧折叠和厢盖前后折叠等方式。加盖式自卸垃圾车在国内大型城市目前得到了广泛应用,它具有如下优点:①密闭性能好,保证在运输过程中不会造成扬尘或泄漏,这是安装厢盖系统的基本要求;②安全性能好,密闭厢盖不能超出车体过多,以免影响正常驾驶,形成安全隐患。应减少对整车的改动,保证车辆装载时重心不变;③使用方便,厢盖系统能在较短的时间内正常打开和收起,货物装卸过程不受影响;④体积小,自重轻,尽量不占用厢体内部空间,自重也不过重,不会造成运输效率下降或超载;⑤可靠性好,减少整个密闭厢盖系统使用寿命和维护费用的影响。

(三)自装卸式垃圾车

自装卸式垃圾车是由密封式垃圾厢、液压系统、操作系统组成,与专用垃圾桶配套使用,实现一车与多个垃圾桶联合作业,厢体上的液压升降装置可将垃圾桶吊上、放下,上下升降,上下一次工作循环时间为50 s。密封式厢环保卫生,可避免二次污染。其自装式的挂桶装置可直接挂置路边的垃圾桶,用提升机直接将其中垃圾倾倒于垃圾厢内,再将垃圾桶复位,省去了人工装垃圾的工作量。

自装卸式垃圾车具有整体结构设计合理紧凑,装卸垃圾自动化,使用效率高,厢体采用轻量化设计、运载量大、封闭性能好,安全、节能、环保等优点。自装卸式垃圾车可以实现机械化自动装卸垃圾、密封化运输垃圾,是一种安全、节能、环保、高效的新型环卫专用车。

(四)摆臂式垃圾车

摆臂式垃圾车常用于国内中小城市的垃圾收集和运输,特点是垃圾厢能与车体分开,实现一车与多个垃圾厢的联合使用。摆臂垃圾车底盘加装统一配套液压举升装置,通过左右两臂装运,可一车多斗,带自卸功能,性能稳定,安全可靠。垃圾斗厢体分为摆臂式和地坑地面两用式,须配置不同形式的垃圾斗。其垃圾斗装载量大,装载方便。与该车匹配的垃圾厢一般是顶部敞开式,为了避免运输中的垃圾飘洒,一般用篷布将顶部盖住,也可改装成密封式垃圾斗。

使用摆臂式垃圾车时,一般垃圾不经过压缩,车辆易亏载,运载效率低,同时生活垃圾中的污水和臭气容易外泄,因此该车较适宜在一些无腐蚀、无放射性的干性工业垃圾或建筑垃圾收集作业中使用。

(五)压缩式垃圾车

压缩式垃圾车由密封式垃圾厢、液压系统、操作系统组成,整车为全密封型,自行压缩、自行倾倒,压缩过程中的污水全部进入污水厢,较为彻底地解决了垃圾运输过程中的二次污染问题,避免了给人们带来不便;关键部件采用进口部件,具有压力大、密封性好、操作方便、安全等优点;可选配后挂桶翻转机构或垃圾斗翻转机构。

压缩式垃圾车具有以下六个优点:①收集方式简便。一改城市满街摆放垃圾桶的脏乱旧貌,避免二次污染。②压缩比高、装载量大。最大破碎压力达12t,装载量相当于同吨级非压缩垃圾车的两倍半。③作业自动化。采用电脑控制系统,填装排卸整个作业流程中只需司机一人操作,可设定全自动和半自动两种操作模式,不仅减轻了环卫工人的劳动强度,而且大大改善了工作环境。④经济性好。专用设备工作时,电脑控制系统自动控制油门。⑤双保险系统。作业系统具有电脑控制和手动操纵双重功能,大大地保障和提高了车辆的使用率。⑥翻转机构。可选装配置垃圾斗的翻转机构。

(六)车厢可卸式垃圾车

随着小型压缩收集站的建设和垃圾收集中转技术的发展,与之配套的运输车辆——车厢可卸式垃圾车得到了快速的发展。它同时具备垃圾自卸和厢体自动装卸(整装整卸)两种功能,一般用于无地面举升装置的垃圾收集、中转站内垃圾集装箱的装运,也可用于放置在指定地点的机箱连体式垃圾压缩收集集装箱的转装运。

车厢可卸式垃圾车主要由拉臂车与垃圾厢组成,垃圾厢可分为移动式垃圾压缩设备和固定式垃圾压缩设备,两者的区别是垃圾厢内是否带压缩头。移动式垃圾压缩设备比固定式垃圾压缩设备的使用更方便、更普及、更广泛。移动式垃圾压缩设备由压缩头、厢体、后门锁紧及密封、液压系统和电器系统组成,具有很高的性价比。

第三节　垃圾管道真空收集系统运行管理

一种新颖的、能够在地下将大量垃圾自动输送到处理中心的城市生活垃圾自动处理系统——真空管道垃圾收集系统,由瑞典斯德哥尔摩的Envac公司开发成功,现已在欧洲南部和亚洲的一些大城市里开始使用。

真空管道垃圾收集系统的工作原理是利用普通抽风机产生的抽吸效果,使垃圾袋在地下专用管道内,以70 km/h的速度传送。如果管道发生堵塞,可以通过提高抽风机的转速,产生高压将管道疏通。如果以前建造的大楼无法直接与该系统相连,那么垃圾投放管道可以安装在人行道上,取代那里的垃圾箱(桶)。由于垃圾传输速度快,因而垃圾袋产生的摩擦力可以使管道壁保持清洁,如斯堪的纳维亚市已安装使用多年的管道,现在依然清洁如初。

这一系统完全符合欧盟提出的垃圾分类要求,可不增加垃圾收集管道,将需要焚化的垃圾和可回收的垃圾用相同的管道收集。在人行道上安装的垃圾管道的下端有一个垃圾临时存放区,信息控制系统能够自动控制闸门,将装有不同垃圾的塑料袋分别传送到不同的存放中心;如果地下管道附近没有垃圾存放中心,一些具有抽吸功能的垃圾车可以定期倒空垃圾集装箱。垃圾自动处理技术的最大好处首先是可以净化城市环境,其次是再也看不到到处制造噪声的垃圾车[1]。

一、真空管道收集系统的技术

生活垃圾真空管道收集系统是用管道将收集范围内建于楼宇内的垃

[1]东野广浩,王霈源,李硕. 一款基于真空管道运输技术的公共垃圾桶[J]. 科学技术创新,2019(25):155-155.

坂收集竖管连接到一个比较远离居民的中央垃圾收集站。所有位于收集范围内的垃圾将由每个楼层的垃圾投入口进入真空管道收集系统后到达垃圾收集站,再通过垃圾分离器及压缩机被压缩推进密封的垃圾集装箱内,运至填埋场或垃圾焚烧场进行最终处置,工作流程见图2-3。

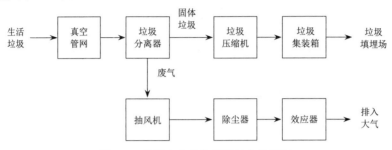

图2-3 垃圾真空收集系统工作流程图

垃圾收集系统的基本构成为四部分。

第一,对应一定服务范围的真空管道收集系统拥有一个中央垃圾收集站及相连的垃圾收集管道网络。

第二,管道网络需要在真空管道收集系统服务的范围边缘上提供预留连接口,其数量的多少可视该处的垃圾量而定,服务范围越大,垃圾量越多,所需的连接口就越多。每个服务区域须做详细的规划,再根据实际情况确定连接口的数量及位置。

除了设置连接口外,管道网络还在每200~400 m的人行道上设置独立的户外垃圾投入口,以便清洁工人能将街道上收集的垃圾方便地送进真空管道收集系统。

第三,每个中央收集站可拥有2个或4个垃圾集装箱、1台垃圾分离器、1台压缩机和4~5台抽风机。垃圾集装箱轮换使用,装满后由专用车辆运送至生活垃圾处理场进行处理。

第四,每个站设有除臭器、除尘器及消音器,用以减少各种污染。

真空管道收集系统的先进性主要体现在:①垃圾流密封、隐蔽,能够有效杜绝垃圾收运过程中的二次污染;②显著降低劳动强度,提高收集效率,改善环卫工人劳动环境,使垃圾收集设施和作业更上档次,提升环卫行业的形象;③取消手推车、垃圾桶、箩筐等传统垃圾收集工具,减轻了交通压力和环境污染,有利于保持清爽的生活环境;④垃圾收集、压缩可以全天候自动进行,垃圾成分不受季节影响,有利于填埋场、焚烧场的稳定运行;⑤居民排放垃圾更加方便自由;⑥可利用一套公共管道收集系统自动分别收集可回收和不可回收垃圾。

二、垃圾收集管网

管网的铺设在整个真空收集系统中尤为重要,在进行设计前,应充分了解国内外真空管道收运系统的技术发展现状,熟悉国内外相关项目、设备的基本情况,了解该技术的关键设备和主要工艺,并根据各地的情况因地制宜。

(一)关键技术指标

第一,垃圾在管道中的传送速度、管道中垃圾与空气的混合比、输送管道中的风速是气力输送中的三个关键参数,它们一起决定了真空输送垃圾的成功与否。这三个关键参数之间存在一定的关系,根据颗粒群在水平管道内运动的近似计算,针对不同的颗粒直径和不同的气固混合比,通过实验测出颗粒在气体中运行的速度与气流速度之间的关系,从而确定颗粒与空气的最佳混合比及输送管道中的气流速度。

第二,颗粒输送量与所需动力之间的关系,即混合比同压力损失之间的关系。在整个输送过程中的压力损失是很大的,空气不仅在经过各个部件时会有压力损失,如弯管损失、垃圾分离器和除尘器损失等,而且在输送管道中,空气和颗粒由于加速,与管壁的碰撞和摩擦,空气和颗粒之间的摩擦,颗粒的悬浮和上升等原因都会消耗能量,引起压力损失,因此压力损失是决定风机风压的重要参数,所有损失的总和决定了风压,对此将通过研究计算确定真空垃圾收运系统中风压的通用计算公式。

第三,对空气与垃圾气固两相在弯管中的流动形式进行研究。在此输送系统中,垃圾在弯管处的磨损较大且在弯管中的运动情况也特别复杂,当颗粒浓度较小时,颗粒在离心力的作用下有集中于弯管外壁某部分的趋势,而当颗粒浓度较大时,则将出现塞状流动。除此之外,在管道弯曲部分,颗粒将和管道外侧壁发生碰撞并减速,在一般情况下,管道曲率越大,碰撞越激烈,减速也越大,因此在弯管处既会对管壁造成严重磨损,也容易引起管道堵塞。对此,须对颗粒群在弯管中的运动进行近似计算,根据颗粒在弯管中的运动轨迹确定颗粒对管壁的磨损情况及主要的磨损位置,对管道堵塞进行预测。

（二）关键设备

1.垃圾给料器的设计

由于管道中垃圾和空气混合比必须控制在一定范围内,因此每一次的给料量必须受到限制,初步采用挤出型给料器或螺旋给料器。

2.风速测试装置的设计

为了对管路进行实时监控,必须每隔一定距离就对管道中的风速进行测试,实现对管道中气固两相流的堵塞预测。

3.弯头的特殊处理

在管道弯处,固体对管壁的冲击力很大,造成瞬间摩擦阻力增大,对管壁的磨损十分严重,为延长管道的工作寿命,必须对弯头进行耐磨的加工处理或采用T型盲管、长半径弯头。

4.垃圾分路器的设计

在管网布置中,当支管很多时,如果同时将所有支管中的垃圾吸送至干管,则容易引起堵塞,因此需要采用垃圾分路器对垃圾进行分路吸送。

第四节　城市垃圾分类收集和运输管理

一、城市垃圾的收集

（一）混合收集和分类收集

自从改革开放以来,我国经济不断发展,尤其是20世纪90年代以后发展更是高速,而这就促进了城市的改造。城市垃圾的收集也受发展水平高低的限制而存在着差别,政府对环卫的重视程度、对环保事业的规划也会对垃圾收集方式造成影响。国家经济水平越发达,对垃圾收集方面的处理越规范,效率也就越高,对环境造成的二次污染会越小,甚至没有。目前城市垃圾收集的主要方式为两种,混合收集和分类收集。

1.混合收集

这种方式简单易行,且运行成本很低,不需要特殊的技术支持,是一种广泛应用的传统收集方式。但这就意味着收集过程中垃圾的混合导致原本可以回收循环利用的资源受到污染,失去了其原本的价值,还增加了在处理垃圾上的难度,即城市垃圾的处理成本增大,使得在环境治理方面迟迟得不到很好的完善。

2.分类收集

我国在2019年由上海正式开启强制垃圾分类,这种分类方式可以有效减少不同类型垃圾的相互污染,能够提高垃圾回收的资源利用率,对城市垃圾的资源化和减量化有促进作用。

如果想要降低垃圾处理的成本、降低后期工艺的复杂程度,就需要在垃圾分类上提前做好准备。而在上海强制实行垃圾分类以前,民众对分类标准尚未完全掌握,对垃圾分类的意识还不够高,这就需要通过社会、学校的引导,通过宣传教育和立法,来激励民众在投放垃圾时自觉分类,并将之坚持下去[1]。

由于我国的垃圾分类尚在初级阶段,考虑到每个城市不同的发展情况,不能够一蹴而就,而需要将分类收集和混合收集结合起来实施。

按包装方式分为散装收集和封闭化收集,由于散装收集过程会造成撒、漏、扬尘等严重污染,因此,散装收集方式逐步被淘汰,取而代之的是封闭化收集。其中,封闭化收集方式中尤以袋装收集最为普遍。按收集过程又可分为上门收集、定点收集和定时收集方式等。

上门收集分居民家上门收集和管道收集两种。

第一,居民家上门收集。这种收集方式需要物业、居委会等多方的配合,根据每个居民区的实际情况,定时安排专门的工作人员上门收集居民、公司、医院等产生的城市垃圾,并转运至附近对接的垃圾房,再由专门的环卫工作人员进行运输。

第二,管道收集。管道收集指通过多层或高层建筑中的垃圾排放管道收集生活垃圾。管道收集分两孔通道阀、垃圾输送管道、机械中心和垃圾站。此外,还有普通管道收集。我国以前的大多数多层或高层建筑都采用该种方式。

定点收集又包括垃圾房收集、集装箱垃圾收集站收集、固定式垃圾箱收集和小压站收集等多种方式。

第一,垃圾房收集。城市垃圾袋装后由居民直接送入垃圾房中的垃

---

①张海霞.关于垃圾分类收集的经济效益分析[J].中外企业家,2020(01):20.

圾桶内,然后由垃圾收集车运往垃圾转运站或垃圾处理场。

垃圾房收集方式是一种袋装化、密闭化和不定时的收集方式。这种收集方式要求民众将垃圾袋装后直接送至垃圾房,适用于垃圾房设置在住宅楼外居民进出通道附近的情况。

垃圾房内的垃圾桶内的垃圾主要由后装压缩式收集车和自装自卸式(侧装)垃圾收集车收集,部分后装压缩式收集车的后部设置了提升垃圾桶机构,将桶内垃圾倒入收集车的料斗内。侧装式收集车,配有门架式提升机构或机械手,能自动将垃圾桶提升,并倒入车厢。

第二,集装箱垃圾收集站收集。城市垃圾袋装后由居民送入放置于住宅楼下或进出通道两侧的指定地点或容器,保洁人员将垃圾用人力车送至集装箱垃圾收集站,装入集装箱内,然后由垃圾收集车运往垃圾转运站或垃圾处理场。

集装箱垃圾收集站收集方式是一种袋装化、密闭化、容器化和不定时的收集系统。这种收集系统的优点是方便居民投放垃圾,适用于采用集装箱收运生活垃圾的情况。当垃圾装入集装箱,应用压缩机时,则可提高集装箱内垃圾装载量,提高垃圾运输的经济性。

垃圾收集站内配置的和直接放在居民区的垃圾集装箱由车厢可卸式垃圾车收集,该垃圾车的吊钩能直接将集装箱拉上车架并锁定。

第三,固定式垃圾箱收集。这是一种以固定式水泥垃圾箱和定时垃圾收集为基本特征的非密闭化垃圾收集方式。生活垃圾袋装后由居民送入水泥垃圾箱,在指定时间内由垃圾车将箱内垃圾运往垃圾处理场或垃圾转运站。

早期建成的水泥垃圾箱常是无顶的简易垃圾箱,刮风时,塑料、废纸张等轻质物体四处飘散;下雨时,垃圾受到雨水浸泡,渗滤液四溢。简易垃圾箱的管理困难,影响四周环境卫生,雨季时垃圾含水率过高,给垃圾的运输处理带来困难。

第四,小型压缩式生活垃圾收集站。最近几年,在一些大城市的部分居民区或商业网点建造了一些小型压缩式生活垃圾收集站。在压缩式收集站内安装有压缩机,将从居民处收集来的垃圾由压缩机装到集装箱内,再由车厢可卸式垃圾车将集装箱直接拉走。它的最大优点就是能提高集装箱内的装载量,并能减少垃圾收集点的数目。

定时收集是一种以垃圾定时收集为基本特征的垃圾收集方式。生活垃圾袋装后由居民送入放置于住宅楼下的垃圾桶内,或由保洁人员在指定时间上门收集垃圾(放置在垃圾桶内),送到垃圾收集站(或称为清洁站、清洁楼),然后定时由垃圾收集车收集后运往垃圾处理场或垃圾转运站。

这种方式主要存在于早期建成的住宅区。其特点是取消固定式垃圾箱,在一定程度上消除了垃圾收集过程中的二次污染。但由于垃圾必须在指定时间收集并装入垃圾收集车内,在实际操作过程中,常出现垃圾排队等待装车的现象。

在城市垃圾的收集上,日本是一个较为成熟的城市。日本现在普遍采用的是袋装垃圾收集系统。采用这种收集方式必须以区域性信赖度高为前提。对日本人来说,从常识上对垃圾的收集有责任感,所以袋装垃圾收集系统在日本十分普及。每天早晨的东京街头,每隔200~300m就可以在固定的地方看到堆积着的装着垃圾的塑料袋,它们静静地等待专用的垃圾车前来收集。日本家庭扔垃圾的主要还是主妇,但有时也会有男主人,他们早上出门上班时一手拎着公文包,另一手拎着垃圾袋,顺便把垃圾袋放到住家附近指定的垃圾堆积处。

在日本,每天收集的垃圾是不一样的。专门收集垃圾的运输车都被擦洗得非常干净,甚至比一些地方的出租车还要干净,垃圾的收集工作一般会在12点之前完成。

在东京,扔垃圾的塑料袋大致可分为两种,个人家庭用和事业单位用。个人用的大多比较小,利用超市购物时给你的塑料袋即可,也可去购买,扔垃圾免费。单位用的垃圾袋较大,上面印有专门的标志,需要去便利店购买。单位扔垃圾是要收费的,其费用就已经包括在购买的专用垃圾袋内了。收集垃圾的职工如看到某单位使用没有标志的塑料袋,是不会将垃圾拉走的。

二、城市垃圾的运输

(一)城市垃圾运输的现状

作为城市发展中特殊而又重要的物流,城市生活垃圾物流系统的运作主要由分类收集、运输、处理三个环节组成,每个环节的运作情况都会影响到整个城市垃圾物流系统的运作效率,并且各个环节之间相互影响、相互制约。

1.垃圾前期分类不到位

在实行垃圾分类时,政府的主导宣传非常重要,通过宣讲不仅要让市民了解垃圾该如何分类,更要让其清楚垃圾分类的必要性和迫切性。目前,垃圾分类宣传的范围、层面、途径、形式不明确,特别是分类后的垃圾处置是个盲区,这样民众无法感受到垃圾分类的环保意义。其实,每个人都会有这样的想法,如果你的工作毫无意义,只是在白白浪费时间,你还会有兴趣做吗?即使通过宣传,使民众了解了垃圾的分类标准,但在实际操作时仍会遇到很多问题,并且在无人监督的情况下,如何能使人们进行较为麻烦的垃圾分类?因此,成立监管机构非常重要,需要完善相应的分类处理管理体系,成立专门的管理机构,对市民投放垃圾的行为进行指导和监督。一般通过设置监督员对每个前来投放生活垃圾的居民进行监督检查,看其垃圾分类是否符合相关的分类规定,并解答居民对分类的困惑和问题,从行为上进行指导。

在垃圾分类的实施中,相应的政策制定也是必要的。德国的垃圾袋上都会有一长串记录着居民身份信息的条形码,相关部门会按"码"索骥找出不遵守垃圾分类规则的人,并采取相应的惩罚措施,如提高其个人税率,或是降低其社会福利。在这样的制度约束下,乱扔垃圾的人不能不检点自己的行为。2010年3月,杭州市生活垃圾分类收集处置工作正式启动,探索出以户为单位的"实名制"垃圾分类模式,并设置了一定的奖惩制度,引起了较大的反响。因此,探索适合本地情况的生活垃圾分类方式和政策,并在实施的过程中不断对其改进和完善,对于增强垃圾分类效果是至关重要的。

除此之外,在垃圾分类工作中,任何细节都不容忽视。在某个实施垃圾分类小区里的居民反映,对于家庭中一般日产日清的厨房垃圾而言,社区里发放的厨房垃圾袋显然太大了,因装不满而混入其他垃圾一起扔掉的现象时常发生,直接影响了垃圾分类的效果。因此,在实施过程中,听取民意,完善细节问题,才能取得较佳效果。

2.缺乏配套的垃圾收集和垃圾分类设备

在垃圾处理环节中,除了需要在初端完成有效的垃圾分类外,还需要中端的分类运输以及末端的垃圾分类处理、分类回收利用。具体表现为家庭分类收集的垃圾到了小区有对应的厨余垃圾桶和其他垃圾桶;到了车辆运输环节,要分别运输到垃圾转运站,在垃圾转运站,转运设施也应该适应分类的要求;从转运站到最终处理处置,应根据垃圾的不同分类进行针对性处理。而目前很多正在进行的垃圾分类,通常只是简单地在小区和街道设置分类垃圾桶,环卫部门没有形成相应完善的分类收集运输体系,垃圾处理场也未对分类垃圾进行针对性处理。换言之,在垃圾收运体系与末端处理处置环节尚未形成良好的互动对接。

由于垃圾分类处理能力不够、资源化处理设备配套滞后,部分本可回收的垃圾寻找不到回收渠道,造成了"既分又不分""先分后混"的尴尬局面,而使用没有分类收运的设施或设备将分类的垃圾混合运输,容易挫伤公众参与的积极性。在日本,垃圾被明确分类,每个星期的每一天,都定义了不同废弃物的投放标准,就连一个矿泉水瓶,在日本都要分成三天投放,分别投放瓶盖、瓶身和瓶身上的塑料贴纸。这么细致且繁琐的工作,日本的每个民众却都在认真地执行,这是因为在日本有相当严格的法律明确了废弃物的处置流程和分类标准。只有完整的垃圾分类处理产业链,才能真正使垃圾变成可再生和可利用的资源,进而使民众切实体会到垃圾分类的环保意义,能更加主动积极地投入到这项工作中来。

3.垃圾分类多部门管理

生活垃圾收集工作一般由街道、居委会、物业等有关部门负责;垃圾清运、处理工作由环卫部门负责;废旧物品回收、再生资源利用工作则由城市商务部门负责;有害垃圾由环保部门负责;医疗垃圾由环保和卫生部门负责。环卫部门在推进垃圾分类工作过程中由于部门条块管理、职能分制严重,多部门管理造成利益上的纠葛,难以形成合力,导致执行力度不强。

4.居民个体对垃圾分类的认知程度

居民是垃圾分类回收的主体,他们的认知程度是生活垃圾分类收集工作的关键。现在人们对环保的重要意义已有较深的认识,也并不缺乏参与环境保护的愿望和热情,但是要转化为实际行动,养成良好习惯,仍需要经过很大的努力。如何让居民感到垃圾分类并未增加自己的负担,积极参与垃圾分类并养成习惯是最基础性的工作。这就需要政府有所作为,充分调动居民积极性,进行积极而有效地引导。

综上所述,尽管垃圾分类处理工作面临着重重困难,但毫无疑问,进行垃圾分类收集和处理会成为今后我国城市垃圾处理的大趋势,这也是循环经济和可持续发展的必然要求。

(二)城市垃圾的运输管理

城市生活垃圾运输是废物收运系统的主要环节,也是在整个系统中研究最多的一个环节。它涉及的范围很广,如生活垃圾的运输方式、收运路线的规划设计、废物运输使用的专用收运机具、废物运输机具、集运点管理等。世界各国对生活垃圾收运环节都比较重视,一方面努力提高垃圾收运的机械化、卫生化水平,另一方面在稳步实现垃圾运输管理的科学化。废物运输的主要目的是把城市内的生活垃圾及时清运出去,以免其影响到市容和卫生环境。

在城市生活垃圾的收运管理上,每个城市都根据本市的实际情况制定了城市垃圾收集、运输和管理方案,同时也投入大量资金购置专用垃圾运输车辆和辅助机具以及用于城市垃圾运输的日常消费。据统计,城市生活垃圾收集和运输费用一般占整个收运处理费用的70%左右。由于城市垃圾的产量、质量不断变化,综合治理日益困难,同时,城市居民对城市环境质量要求日益提高,为确保城市居民清洁、优美的生活和劳动环境,各城市把城市生活垃圾的卫生收运视为亟需解决的共同课题。

现行的城市生活垃圾收运方法主要是车辆收运法和管道输送法两种类型,其中车辆收运法应用非常普遍。车辆收运法是指使用各种类型的专用垃圾收集车与容器配合,从居民住宅点或街道把废物和垃圾运到垃圾中转站或处理场的方法。采取这种收运方法,必须配备适用的运输工具和停车场。综合分析目前世界各国城市固体废物收运现状和发展趋势,车辆收运法在相当长的时间内仍然是废物运输的主要方法。因此,努力改进废物收运的组织、技术和管理体系,提高专用收集车辆和辅助机具的性能和效率是很有意义的。

管道输送法是指应用于多层和高层建筑中的垃圾排放管道。排放管道有两种类型:第一,气动垃圾输送管道,它是结构复杂的输送系统,可以把垃圾直接输送到处理场。第二,普通排放通道。严格来讲,这种管道排放法只是废物收运的前一部分。垃圾由通道口倾入后集中在垃圾通道底部的储存间内,需要由清洁工人掏运堆放在集中堆放点,再由垃圾车清运出去。

工业发达国家城市废物机械化收运水平较高,管理体系也比较完善。使用的运输机具是各种不同规格的密闭式垃圾车。根据城市布局和废物收运的实际需要,制定了垃圾收运和道路清扫路线。清洁工人只需按图进行垃圾收运和道路清扫作业,初步实现了废物运输管理的科学化。

发展中国家各城市废物收运机械化水平不高,机具比较简单,目前主要依靠普通卡车和其他运输工具进行收运作业。城市道路清扫也主要依靠人工清扫作业。

随着发展中国家工业的飞速发展,发展中国家城市废物收运的机械化水平正在稳步提高。我国城市固体废物收运的机械化水平在近十几年提高很快,废物收运体系已经具有一定规模。密闭式废物收运机具在许多城市得到应用,虽然普及率还不广泛,但使用量在稳步扩大。除侧装式、后装式和密闭式垃圾车之外,车厢敞开式的自卸垃圾车也占据很大比例,即在标准底盘上加装液压千斤顶倾斜车厢内垃圾的简易垃圾车。

部分城市将普通垃圾车与叉车匹配进行城市垃圾收集作业,为避免垃圾飞扬,散发臭味,污染环境,一般在进行垃圾收运作业时采取加盖的方法。但是,许多中小城市在垃圾收运方面还没有完全离开铁锹,收运机具比较简陋,卫生条件也较差,有待逐步改善。

从城市建筑结构来讲,我国很多城市为旧式居民区,建筑密度大,在城市布局上大街小巷占了很大比例,这也导致了垃圾收运状况不理想。但随着城市建设的不断发展,老城区的改造和新区的开发建设迅速展开,给实施废物机械化收运创造了条件,我国城市废物清运总趋势逐步向机械化、卫生化迈进。

第五节 城市垃圾转运站

国内外生活垃圾转运站的形式是多种多样的,它们的主要区别是站内中转处理垃圾的设备及其工作原理和对垃圾处理的效果(减容压实程度)不同。

一、城市转运模式

根据中转的次数,转运模式可分为直接收运模式、一次转运模式、二次转运模式和复合转运模式[1]。

(一)直接收运模式

该种模式的主要特点是通过收集车辆将分散于各收集点(垃圾厢、垃圾桶、果皮箱等)的垃圾直接装车运往生活垃圾最终处理、处置设施。收集车辆主要分为压缩收集车和非压缩收集车两种。该种模式在小型城市和运输距离较近的城区较为常见。该种模式的流程见图2-4。

图2-4 直接收运模式流程图

(二)一次转运模式

该种模式的主要特点是通过收集车辆将分散于各收集点(垃圾厢、垃圾桶、果皮箱等)的垃圾直接装车运往垃圾收集站,收集后运至生活垃圾最终处理处置设施。收集站分为压缩式收集站和非压缩式收集站两种。该种模式在中型城市和部分大型城市的局部地区较为常见。该种模式的流程见图2-5。

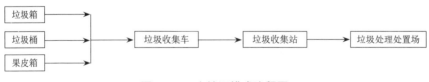

图2-5 一次转运模式流程图

---

[1]温雪霞. 浅谈垃圾转运站及垃圾收集点升级改造与管理[J]. 资源节约与环保,2019 (0ʔ):114.

（三）二次转运模式

该种模式主要特点是通过收集车辆将分散于各收集点（垃圾箱、垃圾桶、果皮箱等）的垃圾直接装车运往垃圾收集站，收集后运至大型生活垃圾转运站进行压缩处理，由转运车运至生活垃圾最终处理处置设施。该种模式在运输距离较远的大中型城市中较为常见。该种模式的流程见图 2-6。

图 2-6　二次转运模式流程图

（四）复合转运模式

该种模式指的是在同一城市里，有上述三种模式中的两种或两种以上共存的转运模式。该种模式是大中城市中最为常见的一种模式，该种模式的流程见图 2-7。

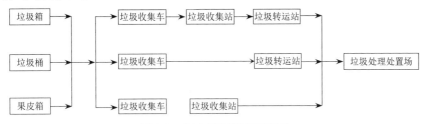

图 2-7　复合转运模式流程图

二、城市垃圾转运站

（一）按转运规模分类

按转运规模（设计运转量），转运站可分为大、中、小型三大类或 I、II、III、IV、V 五小类——大型为 I 类（1000 t/d）、II 类（450 1000 t/d）；中型为 III 类（150～450 t/d）；小型为 IV 类（50～150 t/d）、V 类（≤50 t/d）。

（二）按垃圾压实程度划分

1.直接转运式

垃圾由小型垃圾收集车从居民点收集后，运到转运站，经称重计量，驶上卸料平台，直接卸料进入大型垃圾运输车的车厢内。此大型垃圾运输车容积较大，可达60~80 m³，一般是敞顶式。有些转运站卸料平台上还配有机械臂式液压抓斗(类似于挖掘机)，用来将车厢内的垃圾扒平整，并略做压实。此时，大型垃圾运输车一般做成半挂拖车式，由牵引车拖带进行运输。在运输途中，一般对敞顶集装箱用篷布覆盖，以防止途中垃圾的飞扬。

2.推入装箱式

垃圾由小型垃圾收集车从居民点收集后，运到转运站，经称重计量后，驶上卸料平台，将垃圾卸入垃圾槽。垃圾槽内配有送料机构，将垃圾送入装箱机的储料仓内，液压推料机构将垃圾由仓内推入与仓出料口对接的大型垃圾运输车的车厢(集装箱)内，随着厢内垃圾容量的增加，推料机构对厢内垃圾有一定的压缩功能，提高了厢内垃圾的密实度，并且车厢的实际有效容积保证大型垃圾运输车可满载运行，从而保证了大型垃圾运输车实现封闭、满载、大运量运行。推入装箱式转运站按工艺可以分为以下两种类型。

(1)不带固定式装箱机的转运站

此时，小型垃圾收集车将居民垃圾收集来后，运到转运站，经料斗直接卸入带有压缩系统的半挂车内。半挂车一般是标准集装箱改装的，在集装箱内设有一套液压压缩推料机构，该压缩推料机构由一个发动机驱动的液压系统或拖车上的专用液压装置提供动力。垃圾从集装箱顶部的进料口进入箱内，压缩推料机构将垃圾从集装箱前部移向后部，随着垃圾量的不断增加，对垃圾产生一定的挤压，起到压缩垃圾作用。集装箱的后部一般做成凸形后门，以增加箱内垃圾容量。

(2)固定式装箱机的转运站

此种形式转运站的作业区内设有一台以上的固定式装箱机，大型垃圾集装箱内可以不设置压缩推料机构。在转运站作业时，牵引拖车和半挂式集装箱可以分离，这样一辆牵引车就可以配置2~3台半挂式集装箱，使站内设备配置更合理。

此时，小型垃圾收集车进站后，经称重计量，驶上卸料平台，将垃圾卸入垃圾储存槽内。由于垃圾槽有一定的容积，卸料区有一定的宽度，允许几辆小型垃圾收集车同时卸料，而且收集车的卸料与装箱机储料仓的进料不直接相连，使收集车的卸料作业调度与装箱机的装箱作业更易组织。

3.预压缩装箱式

垃圾由小型垃圾收集车(人力三轮车或机动三轮车)从居民点收集后,送到转运站,经称重计量后卸到垃圾压实机的压缩腔内,在液压油缸的作用下,利用压实机压头进行减容压实(再打包)成形(块),再装上运输车,运到处置场地卸载。

垃圾由人力三轮车或机动三轮车收集运至转运站内,卸入位于地平面下的混凝土构造的压缩腔。压缩腔的顶部敞开,内置钢制垃圾容器。垃圾容器的前后侧及顶部敞开,与压缩腔吻合;容器的顶部与金属框架固定在一起,金属框架位于垃圾压缩腔的外部边缘的地面上,框架的四角有触臂与压缩腔周围的四根钢立柱相连,并可沿立柱上下移动。压块装置共有两个油缸,一个为压块用,另一个为推料用。压缩腔内的容器装满垃圾后,位于压缩腔上方的压块在油缸推动下向下运动,将垃圾压实,压力为610 kN。垃圾压实后体积减小,使压缩腔上部留出部分空间,然后再往压缩腔内卸入垃圾,装满后再压缩,如此反复几次,压实后的垃圾块充满整个容器。这时,用链条把压块与垃圾容器上部边沿的框架连接,压块向上运动,带动垃圾块及其容器上升至装车高度。随后,启动推料装置,垃圾块被推入车厢内,运至处置场处置。压缩后的垃圾块体积为 1.8 m×1.6 m×0.8 m=2.304 m³,重量一般为 2 t 左右,最大可达 2.5 t。压缩过程中产生的渗滤液从压缩腔底部排出后进入城市污水管道。

(三)按压实设备运动方向划分

1.水平压缩方式

转运站内采用水平式压缩机,主要包括预压缩式、直接压入式、预压打包式、螺旋压缩打包式、开顶直接装载式等几种基本形式。其中,最常用的是水平直接推入装箱式和水平预压缩装箱式两种方式。

(1)水平直接推入装箱式转运站

典型的水平直接推入装箱式转运站工艺流程见图2-8。

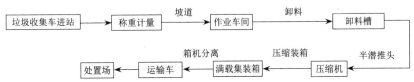

图2-8 典型的水平直接推入装箱式转运站工艺流程图

垃圾收集车完成垃圾收集作业后先进站称重计量,然后驶向二层卸料口卸料,卸料口配置了专用快速自动卷帘门,可以自动感应收集车,进行自动开启和关闭,用以隔离臭气和逸散的灰尘。卸料的同时喷淋降尘系统及除臭系统可以自动检测收集车,进行自行启动和关闭。卸料槽中的垃圾首先通过半潜推头推入压缩机的压缩腔,然后松散的垃圾被压缩减容并压入垃圾集装箱。垃圾集装箱在装满后由大吨位拉臂钩车将垃圾转运到最终的垃圾处置场处理。同时,为提高垃圾压缩处理效率,还增设了平移换箱机构来缩短换箱时间。整个站内转运站作业通过自动控制系统进行监控。

(2)水平预压缩装箱式转运站

垃圾收集车辆到达转运站内,先将垃圾卸到地坑内,通过送料机构将垃圾送进压缩机进料腔内,然后压缩机将垃圾压进压缩料腔内,在压缩腔内预压成块,最终形成密实的垃圾包,然后被一次性或分段推入垃圾集装箱中,集装箱装满后,再通过转运车或船转运到垃圾处置场。水平预压缩装箱式转运站工艺流程见图2-9。

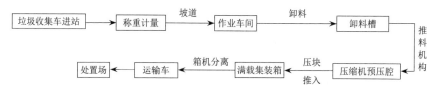

图2-9　水平预压缩装箱式转运站工艺流程图

2.竖直压缩方式

转运站采用上下移动的压头,将垃圾垂直方向压缩装入垃圾集装箱(容器)的压缩机,主要包括直接推入装箱式和预压缩装箱式两种方式,其中国内最常用的为直接推入装箱式。

垃圾收集车进入转运站,经称重计量后进入卸料大厅,将垃圾卸入竖直放置的容器,然后由位于容器上方的压实器对容器内垃圾进行压实,直至容器满载,后由转运车将容器取出泊位,运往垃圾处置场。

三、城市垃圾转运设备

垃圾转运车辆形式的选择取决于垃圾成分、垃圾收集方式及城市道路情况。目前国内外可供选择的垃圾转运车有很多种类,按装车方位可分为后装式、前装式、侧装式;按装车方式可分为固定车厢式和车厢可卸式;按功能可分为压缩式和非压缩式;按压缩设备与厢体是否一体化分为分体固定式垃圾压缩转运站配套设备和移动式连体压缩转运站配套设备。下面主要对分体固定式垃圾压缩转运站配套设备与移动式连体压缩转运站配套设备进行详细介绍。

(一)分体固定式垃圾压缩转运站配套设备

分体固定式垃圾压缩转运站配套设备由压缩系统、压缩箱、勾臂车组成,采用压缩机头固定在站内。压缩箱(勾臂车转运)分离的方式,不仅适用于市区里繁华的商业区、人口密集的街区的大中型垃圾转运站,也适用于乡镇的垃圾回收转运站。该设备具有能够实现垃圾压缩箱绝对密封,隔绝臭气、污水等污染,防止蚊蝇和病菌滋生;全自动操作,环卫工人不需直接接触垃圾,管理方便且其外形美观;工作效率高,占地面积小,建设及维护费用低等优点。

(二)移动式连体压缩转运站配套设备

移动式连体压缩转运站配套设备是压缩机头与箱体合二为一的连体机,在收集、压缩及转运垃圾的过程中不分离。它适合日产生垃圾100 t以下的环保型中小型垃圾转运站,如村委会、街道办垃圾站、中小型住宅区以及独立工业区、经济开发区、写字楼、商住楼、广场、街市等,不需要特定的地基,既节省了土建的成本和时间,又争取了更多的使用空间,其美观大方的外形也美化了周边环境。该设备还具有压缩力大、噪声小、配套设施简单以及运营成本低等特点,并且具有很高的密封性能,垃圾在收集、压缩、转运过程中不会产生臭气,防污水渗漏能力强,避免二次污染,设备尺寸多样化。

第六节 城市垃圾分类收集管理方法与改进

一、城市垃圾分类收集管理的意义

在我国,大多数城市垃圾还是通过混合收集方式来运行的,而这些垃圾未经任何处理便混杂在一起。例如,在居民区设立的垃圾房,居民将日常产生的垃圾装进垃圾袋,丢入垃圾房中,再由每日定时安排的垃圾车或环卫工人将这些混合垃圾转送到中转站;在道路两边或公共场所安置的垃圾桶也是如此。这样的收集方式虽然方便简单,但很容易产生问题,比如垃圾在混合后极易产生异味,并且会导致废液的产生,这无疑会带来二次环境污染,同时也增加了处理的成本和难度,对城市的建设形成了不利影响。而最终处理城市生活垃圾主要采用填埋、焚烧等方式。但是,如干电池、废灯管等大量有害物质未经分类直接进入垃圾填埋场,不仅增大了垃圾的运输和填埋量,而且增大了垃圾无害化处理的难度。

从源头上按照垃圾的性质和处置方式进行垃圾分类和转运,是垃圾分类的核心。这对环保事业有着相当大的意义。首先,可以将能够循环使用的物质挑选出来,进行加工后再利用,不仅减少了对环境的污染,还使得垃圾成为资源,得到循环利用,既能实现垃圾减量,又能节约资源,可谓一举多得。其次,如果在源头上就对垃圾进行分类,能够有效减轻后期处理环节的负担。不同性质的垃圾不能按照统一的标准进行处理,否则不仅可能对环境造成二次污染,还会使得许多本可以用作资源的物质被浪费,不利于资源节约。再次,分类后的垃圾能够有效避免其相互污染,形成渗滤液,导致土壤和地下水体的污染,并且提高了后期处理的工作效率。最后,分类后的垃圾,能够有效减少运输、处理等环节的工作总量,使人力、财力和物力得到有效节约,也就是说,不仅效率得到提高,各方面的成本也都得到了有效降低。

垃圾处理是社会的责任。我们每天都会产生很多垃圾。垃圾通常是先送至堆放场,然后再送去填埋、焚烧或堆肥。而垃圾属于复杂的混合物,在运输和堆放过程中,有机物分解会产生臭味;随风飞扬的塑料袋、粉尘等会形成"白色污染",造成严重空气污染;另外,垃圾中含有大量可燃物,可能引起自燃、火灾或爆炸。这些现象充分表明垃圾对环境与人的生活带来较大的影响。而采取垃圾分类收集后,垃圾不是送往填埋场,而是被送到工场,不但减少了土地占用量,又避免了填埋或焚烧所产生的污染,还把可回收的物品循环利用起来了。因此,推行垃圾分类收集,从源头上做好垃圾处理,可有效地收回利用废物,为垃圾处理实现减量化、资源化、无害化目标创造有利的条件,实现良好的生态效益[1]。

---

[1]孔小蓉. 城市生活垃圾分类收集管理的对策探讨[J]. 低碳世界,2017(08):42-43.

二、城市垃圾分类收集管理的难点

(一)理想化的政策

理想化的政策,即垃圾分类管理政策的合理性和可行性。垃圾分类管理的推进工作由来已久,但基于种种原因,并没有持续推进。近年来,垃圾围城的视觉危机感冲击着社会对于可持续发展观的思考。从1996年北京西城区的垃圾分类尝试到2019年垃圾分类工作在全国46个大中城市的全面铺开,垃圾分类管理政策的合理性得到不断完善。但垃圾分类工作"政策制定—舆论引导—政策执行"的各个环节都受到复杂的社会因素影响。从经济角度分析,我国正处于并将长期处于发展中国家行列,粗放型到集约型发展模式的转变需要高昂的经济成本作为支撑;从意识角度分析,城市垃圾分类的核心是居民垃圾分类意识的培育,垃圾分类意识作为一种意识形态,其培育是长期工作。因此受多方面因素的影响,导致垃圾分类政策执行的可行性大打折扣。从执行角度分析,政策本身具有较高的合理性,但执行模式和执行监管体系具有一定的现实难度。例如,限塑令和有偿使用塑料制品政策的执行,在大中城市以及大中型购物场所效果显著,但在区县小城市以及中小型零售店,塑料制品的限用以及有偿使用塑料袋的执行效果甚微。

(二)执行机关

执行机关,即垃圾分类管理中具体负责政策执行的机构。一方面,在当前的46个垃圾分类试点大中城市中,垃圾分类管理工作的推动主体是"市—区(市)县—乡镇(街道)"三级人民政府。在这个过程中,政府负责了"垃圾分类宣传—垃圾分类管理—垃圾回收"的全部环节,社会和市场缺乏活力和积极性,并且政府对垃圾违规丢弃的管理方式是相对单一的处罚模式,无法充分调动城市居民的积极性和增强其危机意识。

而在具体的政策执行环节,政府需要大量依托街道和社区人员,但是街道和社区专职工作人员的缺失,造成政策执行的失真,形成简单粗暴的"罚款模式",垃圾分类工作变成了城市居民与垃圾分类工作人员的"斗智斗勇",长久以往,形成恶性循环。此外,惩罚性的罚款制度作为垃圾分类管理的辅助性功能,执行中依旧存在合法性障碍。在垃圾分类的政策执行过程中,基层监督以街道办工作人员、居委会以及物业为主体,其并不具有执法权。同时，罚款金的收集上缴亦缺乏相应的监督机制，可能产生"人治思维"。

（三）目标群体

目标群体，即垃圾分类政策的受众。城市垃圾分类管理工作的受众是城市居民，具有基数大、人员结构复杂、区域特色明显等特征。存在着许多制约垃圾分类管理工作推进的障碍，例如文化素质水平参差不齐、生活方式"不拘小节"、常住民与流动人口交错聚居以及城市垃圾种类上的差异等，都给垃圾分类意识的普及以及管理工作的推进造成深刻影响。

（四）环境因素

环境因素，即与垃圾分类政策相关联的一系列因素，如经济环境、文化环境和历史环境等。一方面，经过几十年的改革开放，我国的经济水平以及城市化进程不断刷新"中国纪录"。但与之并行的是我国长期的粗放式经济发展模式，发展模式和产业结构的转型需要政策支持，更需要时间的积淀。另一方面，在我国深远的历史文化背景下，在农村地区滋生培育了浓厚的"乡土文化"，但农村经济发展相对滞后，导致乡土文化并没有得到相适应的发展。许多传统的生活方式和生活文化也阻碍了垃圾分类意识的传播，如秸秆焚烧、生活垃圾直接填埋等现象。

三、我国城市垃圾分类收集存在的问题

（一）政府对垃圾分类资金投入不足

由于政府对垃圾分类投入的资金在一定程度上存在不足，导致了垃圾在分类上欠缺收集条件。垃圾分类涉及多个方面，无论是在人工、设备还是管理上，都需要一定的资金去支持。一旦所投入的资金小于原本所需要的金额，就会导致缺失资金的环节不能得到有效执行，从而使得垃圾分类难以很好地执行下去。

（二）人们的垃圾分类收集意识不强

由于以往民众都将垃圾混合后装入垃圾袋，没有分类装袋的历史习惯，因此在分类收集上缺少觉悟，自觉性还有所欠缺。而垃圾分类也需要学习分类知识，尚未习惯进行分类的民众很容易在分类上犯错，如将

干垃圾当作湿垃圾丢进错误的垃圾桶中。目前在实施垃圾分类的城市中,对垃圾分类的宣传教育较为单一,尚未真正地融入民众生活,民众多把垃圾分类当作任务而非义务。

(三)相关的法律法规不够健全

虽然在我国的一些法律法规中,对垃圾分类收集做出了规定要求,如《关于推进城市污水、垃圾处理产业化发展意见》等,但是这类法律法规的立法原则可操作性的内容少,对于如何进行垃圾分类、分类方式等没有明确规定,也缺乏全国性的实施规定。相对于发达国家而言,我国的法律体系还需要不断总结经验教训,进行补充和完善。

(四)综合协调机制不完善

城市生活垃圾分类收集工作主要由环卫部门进行,工作的实施与政府部门之间的综合协调机制并不完善。垃圾分类收集工作有很强的专业性、社会性和广泛性。但目前在垃圾处理的链条中,各部门之间缺少综合执行,人们也缺乏在垃圾分类收集的工作上完全配合,垃圾分类的综合协调机制还有待进一步完善。

四、城市垃圾分类管理方法与改进的思考

(一)源头治理

目前我国在垃圾治理工作中的主要方式是"事后管理模式"——垃圾分类。这样的垃圾治理模式难以从根本上解决我国垃圾产量高、垃圾处理难的问题。一方面,投资大、建设周期长、占用大量公共事业经费;另一方面,也容易对环境造成二次污染以及不可逆的生态环境破坏。因此需要转变垃圾治理模式,由"事后管理模式"转变为"事前和事中管理模式"。从源头上减少生活垃圾的产生,大力倡导包装简化,减少塑料袋的使用,杜绝无偿包装袋的使用。

(二)分类治理

第一,垃圾分类管理的核心依旧是"人"本身,推动城市居民环保意识和可循环意识的培育。通过借鉴欧美日等国家的垃圾分类治理历史,可以看到垃圾分类治理非一日之功,城市居民垃圾分类意识的培育需要循序渐进,不可冒进。同时,我国各个地区居民的文化素质具有较大的

差异性,需要政府和市场相辅相成,推动垃圾分类知识的普及,使民众真正做到"自愿分类,懂得分类"。同时,垃圾分类管理政策的实施效果与实施举措密不可分,对传统的八字式和语言式宣传模式,民众的接受度较低,通过图片式等通俗易懂的方式,将垃圾的种类进行明确标注,更有利于垃圾分类意识和知识的普及。

第二,借鉴欧美日等国家的垃圾分类管理模式,建立垃圾回收收费体系,对垃圾袋实行有价购买,对垃圾分类采取"户籍管理"。通过垃圾投放 App 系统,真正实现"一户一贴码"模式,居民在投放家庭垃圾时,将贴码贴在垃圾袋上,垃圾站在进行回收处理后,对符合垃圾分类管理标准的家庭,通过 App 进行垃圾袋退税奖励。

第三,在城市各区域投放可回收垃圾自动回收机。通过自动回收机,城市居民可将塑料瓶、纸壳等可回收垃圾进行自助式回收处理,并得到一定的回收金补偿,有利于推进居民垃圾分类意识的培育工作,提高居民垃圾分类热情和积极性。

(三)技术治理

第一,加快垃圾处理技术的更新换代。我国当前的垃圾处置方式依旧以填埋式为主,焚烧式为辅。随着我国土地资源和资源稀缺性等问题的暴露,传统的垃圾处置办法已不合时宜。同时,我国现有的垃圾焚烧技术具有滞后性,易造成有害物质排放的二次污染。例如,通过飞灰熔融焚烧技术以及"三明治"式垃圾填埋技术的创新,将垃圾处置二次污染的可能性降到最低。

第二,充分利用物联网技术的时效性。传统的人力监督和检查的模式,具有一定的主观性和时滞性,物联网技术具有人力所不具备的高效性、准确性、时效性特征。通过物联网技术,实现对定点垃圾分类的实时监测,降低人力成本,优化监督体系,实现城市垃圾运输一体化。

(四)治理模式创新

一方面,将市场机制引入到垃圾分类治理工作中来。通过政府购买的方式,聘请第三方机构来对垃圾分类工作进行检查和监督,制定标准化的垃圾分类指标,并对不符合垃圾分类要求的工作进行公示和整改,以提高政府治理效率、节省人力成本。同时,对考核的数据进行定期摸查和统计,对不符合实情的指标进行改良,并将考核数据进行有效转化,推动政府制定和改革垃圾分类政策。另一方面,创新垃圾焚烧场建造模式。长期以来,城市垃圾处理属于城市公共事业,基本由政府兜底投资拨款,造成政府财政资金困难,市场缺乏创新动力和创新机制。通过PPP等模式,将市场资金引入垃圾处理领域,有利于企业进行技术创新,提高垃圾处理效率,减少有害物质的排放。

(五)可回收垃圾再利用机制

我国在可二次回收利用物资回收领域依旧以私人流动收购为主要形式,具有规模小、效率差和回收率低的特点。一方面,大量的可重复利用物资与城市垃圾混杂在一起,既造成资源的浪费,又增加了城市垃圾处理的难度;另一方面,由于私人流动收购的"小本经营"特点,存在着只收购高回收价值物品的现象,如电视、冰箱以及空调等,低价值物品则被排除在回收物的范围之外。城市生活垃圾中包含着塑料、玻璃、木材、纸张以及金属等大量的可回收物资,建立完善的可回收垃圾回收机制的核心在于有偿且高效的回收。这就需要打破传统的小型、流动式的私人回收模式,建立起分布广泛、回收流程标准化以及回收价格标准化的城市可回收垃圾回收点,提高回收效率和城市居民参与积极性。

第三章　城市垃圾分选技术

固体废物分选简称废物分选,是废物处理的一种方法(单元操作),其目的是将废物中可回收利用或不利于后续处理、处置工艺要求的物料分离出来。城市生活垃圾分选有着重要的意义。由于城市垃圾成分性质不一及其回收操作方法的多样性,故而在垃圾的资源化、能源化、综合利用方面,分选是重要的操作之一。分选的效果由资源化物质的价值和是否可以进入市场及其市场销路等重要因素决定。通常垃圾在堆肥前经过分选以去除非堆肥化物更有其特殊意义。

传统人工在传送带上手动分选是城市垃圾分选方法中使用最广的,适用于堆肥场和部分焚烧场,但这种方法有一个难以解决的问题,那就是人工分选的范围和精力毕竟有限,不能适应大规模的资源化再生系统。但如果只以机器进行分选,又会导致分选的效果达不到要求。因此,通常以人工分选配合机械分选的方式作为常用的城市垃圾分选模式。

由于城市垃圾的类型多样,且组成部分较为复杂,因此不能将农业、矿业、化工业等范围的分选技术照搬于城市所有垃圾的分选工作,但归根结底,其原理是类似的。也就是说,城市垃圾的分选技术,也是用基于粒度、密度差等物理性质的分选方法。此外,以磁力、电力、光学等其他分选技术辅助分选,从而促进垃圾分选工作的顺利开展。

第一节　城市垃圾筛分技术

一、筛分的原理

筛分是利用筛子将物料中小于筛孔的细粒物料透过筛面,而大于筛孔的粗粒物料留在筛面上,完成粗、细粒物料分离的过程。该分离过程可看作是物料分层和细粒透筛两个阶段组成的。物料分层是完成分离的条件,细粒透筛是分离的目的。

如果要使得粗、细粒物料经过筛面成功分离,那就需要让物料之间保持适当的距离进行相对运动,即筛面上的物料不可以被压实,需要保持一个松散的状态,这样才能按照物料颗粒的大小通过相对运动分层,粗粒在上,细粒在下。而处在下层的细粒通过筛孔,实现粗、细粒物料的分离工作。同时,物料和筛面的相对运动还可使堵在筛孔上的颗粒脱离筛孔,以利于细粒透过筛孔。细粒透筛时,尽管粒度都小于筛孔,但它们透筛的难易程度却不同。粒度小于筛孔尺寸3/4的颗粒,很容易通过粗粒形成的间隙到达筛面而透筛,称为"易筛粒";粒度大于筛孔尺寸3/4的颗粒,则很难通过粗粒形成的间隙,而且粒度越接近筛孔尺寸就越难透筛,这种颗粒称为"难筛粒"[1]。

二、筛分效率

在纯理论层面上,粒度小的固体废物全部都能通过与之相配套的筛孔成为筛下产品,而粒度大于筛孔的颗粒会全部保留在筛孔之上,成为筛上产品。而事实上,由于在进行筛分时,会受到各种条件和因素的影响,一部分细粒会随着粗粒一起,成为筛上产品。而成为筛上产品的细粒数量多少,成为评判筛分效果的标准,数量越多,筛分效果越差,数量越少,则筛分效果越好。

筛分效率是指实际得到的筛下产品质量与入筛废物中所含小于筛孔尺寸的细粒物料质量之比,用百分数表示,如式(3-1)所示:

$$E = \frac{Q_1}{Q \times \dfrac{\alpha}{100}} \times 100\% = \frac{Q_1}{Q_\alpha} \times 10^4\% \qquad (3-1)$$

式中:E 为筛分效率,%;

$\quad$ Q 为入筛固体废物重量,kg;

$\quad$ Q_1 为筛下产品重量,kg;

$\quad$ α 为入筛固体废物中小于筛孔的细粒含量,%。

但是,在实际筛分过程中要测定 Q_1 和 Q 是比较困难的,因此,必须变换成便于应用的计算式,可以列出以下两个方程式。

---

①陈雨. 城市生活垃圾处理技术现状与管理对策[J]. 节能与环保,2020(03):2C-27.

第一,固体废物入筛重量(Q,kg)等于筛上产品重量(Q_2,kg)和筛下产品重量(Q_1,kg)之和,如式(3-2)所示:

$$Q = Q_1 + Q_2 \qquad (3-2)$$

第二,固体废物中小于筛孔尺寸的细粒重量等于筛上产品与筛下产品中所含有小于筛孔尺寸的细粒重量之和,如式(3-3)所示:

$$Q_\alpha = 100Q_1 + Q_2\theta \qquad (3-3)$$

式中:θ为筛上产品中有含有小于筛孔尺寸的细粒重量百分数,%。则可得

$$Q_1 = \frac{(\alpha - \theta)Q}{100 - \theta} \qquad (3-4)$$

再将Q_1代入,可得

$$E = \frac{\alpha - \theta}{\alpha(100 - \theta)} \times 10^4\% \qquad (3-5)$$

值得我们注意的是,由于在实际生产的环节中,筛网会有不同程度的磨损情况,也就是说,会有一部分比筛孔尺寸要大的粗粒成为筛下产品。那么此时需要考虑使用另一种公式来计算筛分效率,该公式如下:

$$E = \frac{\beta(\alpha - \theta)}{\alpha(\beta - \theta)} \times 100\% \qquad (3-6)$$

通常情况下,当筛网出现了严重磨损时,采用上面的公式来计算,比较贴合实际的筛分效率。

三、影响筛分效率的因素

为了得到正确的筛分效率,我们需要考虑以下三个方面的因素。

第一,是物料的性质。物料的性质主要是物料的粒度特性和物料的含水率和含泥率。前文中已经提到过,易筛粒的尺寸是小于筛孔的3/4的,反之则是难筛粒。当出现了粒度大小是筛孔尺寸的1~1.5倍的颗粒时,容易阻挡筛孔,影响筛分效率。所以,当物料中出现的难筛粒越多,则筛分的效率越低;当物料中出现的易筛粒越多,则筛分的效率越高。除此之外,物料中的含水率也影响着筛分的效率,这个含水率一般指的是表面水而非内在水。当物料中的表面水越多,则物料里的细粒越容易成团,甚至附着在粗粒的表面或设备上,相当于增大了颗粒的相对粒度,容易阻挡筛孔,降低筛分的效率。

第二,是筛子的种类和设置。这就包括了采用的筛子是何种形状、筛

孔的尺寸大小、筛面设置的倾角是多少等方面。

第三,则是在操作上的设置。这方面包括物料的量、给料速度的快慢等。

四、筛分设备类型及应用

在进行城市垃圾筛分工作时,常用的筛分设备如下。

(一)固定筛

固定筛由平行排列的钢条或钢棒组成,钢条和钢棒称为格条,格条借横杆连在一起。固定筛有两种,即格筛和条筛。

(二)振动筛

按照筛框运动轨迹来划分,则可以分为圆运动振动筛和直线运动振动筛。其中,圆运动振动筛又包括单轴惯性振动筛、自定中心振动筛和重型振动筛;直线运动振动筛包括双轴惯性振动筛和共振筛。振动筛的最大优点是动力消耗小,构造简单,操作维护方便,同时由于筛体以低幅、高振动次数做剧烈运动,可以消除堵塞现象,提高了处理能力和筛分效率。惯性振动筛是由于振动器的偏心质量回转运动产生的离心力引起整个筛子的振动;筛上的物料受到筛面向上的作用力而被抛起,由于惯性的作用,前进一段距离后落回筛面。

(三)共振筛

共振筛是利用连杆上装有弹簧的曲柄连杆机构驱动,使筛子在共振状态下进行筛分的。当电动机带动装在下机体上的偏心轴转动时,轴上的偏心使连杆做往复运动。连杆通过装在其端部的弹簧将作用力传给筛箱,与此同时下机体也受到相反的作用力,使筛箱和下机体沿着倾斜方向振动,但它们的运动方向相反,所以达到动力平衡。筛箱、弹簧及下机体组成一个弹性系统,该弹性系统固有的自振频率与传动装置的强迫振动频率接近或相同时,使筛子在共振状态下筛分,故称为共振筛。

当共振筛的筛箱压缩弹簧而运动时,其运动速度和动能都逐渐减小,被压缩的弹簧所储存的位能却逐渐增加。当筛箱的运动速度和动能等于零时,弹簧被压缩到极限,它所储存的位能达到最大值,接着筛箱向相反方向运动,弹簧释放出所储存的位能,转化为筛箱的动能,因而筛箱的运动速度增加。当筛箱的运动速度和动能达到最大值时,弹簧伸长到极限,所储存的位能也就最小。可见,共振筛的工作过程是筛箱的动能和弹簧的位能相互转化的过程。所以,在每次振动中,只需要补充克服阻力的能量,就能维持筛子的连续振动。这种筛子虽大,但功率消耗却很小。

共振筛具有处理能力大、筛分效率高、耗电少以及结构紧凑等优点,是一种有发展前途的筛子,但其制造工艺复杂,机体重大,橡胶弹簧易老化。

共振筛的应用很广,适用于废物的中细粒的筛分,还可用于废物分选作业的脱水、脱重介质和脱泥筛分等。

(四)弧形筛

弧形筛是一种湿式细粒筛分选设备,结构简单,整个筛子没有运动部件,筛面由等距离、相互平行的固定筛条组成,筛面成圆弧状,物料运动方向与筛条垂直。它的优点是占地少。

(五)细筛

细筛是一种具有击振装置的细粒筛分设备,它的结构和工作原理如图3-1、图3-2所示。

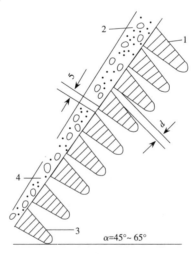

图3-1　细筛工作原理图

1-筛条;2-给料料浆;3-筛下产品;4-筛上产品;5-筛孔;d-筛下粒度

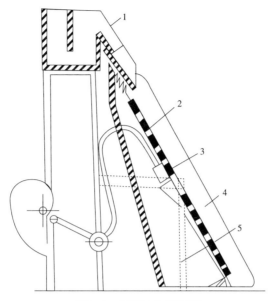

图 3-2 细筛结构示意图

1-给料器;2-筛面;3-敲打装置;4-筛框;5-筛体

第二节 城市垃圾重力分选技术

根据固体城市垃圾颗粒的密度不同,在运动介质中受到重力、介质动力和机械力的作用,使颗粒群产生松散分层和迁移分离,从而得到不同密度产品的分选过程叫重力分选,通常简称为重选。

重选可以按照运动介质的不同,划分为重介质分选、跳汰分选、风力分选和摇床分选等。虽然名称不同,但它们有着共同的工艺条件,具体为:第一,这些固体废物的颗粒必须有着密度的差异;第二,要顺利进行分选,必须具备运动介质;第三,在重力、介质动力及机械力的综合作用下,使颗粒群松散并按密度分层;第四,分好层的物料在运动介质流的推动下互相迁移,彼此分离,并获得不同密度的最终产品[1]。

这里只探讨重介质分选和跳汰分选这两种重力分选技术。

---

①陈玲玲. 城市生活垃圾的处理方法及应用[J]. 环境与发展,2020,32(04):86-87.

一、重介质分选

首先,我们要明确重介质的概念,通常情况下,密度大于水的介质被称为重介质,而重介质包括两种流体,分别为重液与重悬浮液。重介质分选即将固体废物中的颗粒群按密度分开。为使分选过程有效地进行,选择的重介质密度(ρ_c)应介于固体废物中轻物料密度(ρ_1)和重物料密度(ρ_w)之间,如式(3-7)所示:

$$\rho_1 < \rho_c < \rho_w \tag{3-7}$$

当颗粒的密度大于重介质,则重物料会在重力的作用下下沉至设备的底部,成为重产物;当颗粒的密度比重介质的密度要小,则会浮在分选设备的上部,成为轻产物。将轻重产物分别排出,则可达成重介质分选。不难看出,在重介质分选这一环节中,影响分选效果的重要因素,就是重介质的性质。因重介质的密度受加重质密度的影响,很难配成很高的密度,通常只能稍高于轻密度物料的密度,故很难获得高质量回收物质,但对于处理城市垃圾这样的固体废物来说已经够用了。

(一)重介质性能的要求

重介质是由高密度的固体微粒和水构成的固液两相分散体系,它是密度高于水的非均匀介质。高密度固体微粒起着加大介质密度的作用,称为加重质。重介质的形式可以是重液和重悬浮液两大类,但重液价格昂贵,只能在实验室中使用。在固体废物分选中只能使用重悬浮液。重悬浮液的加重质通常主要是硅铁,其次还可采用方铅矿、磁铁矿和黄铁矿,它们应具有密度高、黏度低、稳定性好(不与处理的废物发生化学反应)、无毒、无腐蚀性,易回收再生等特性。

(二)重介质分选设备

关于重介质分选的设备,目前最常用的是鼓型重介质分选机。这种鼓型重介质分选机外形是被四个辊轮支撑的圆筒型转鼓,而在腰间的齿轮的转动,依靠传动装量带带动。扬板安置在圆筒内壁沿,扬板的作用是将重物提升到溜槽之中。圆筒是水平安装的,当进行重介质分选时,固体废物与重介质一同给入圆筒的一端。当它们流向另一端时,会根据自身的密度分选为重产物和轻产物。重产物是密度大于重介质的固体废物,沉在槽底,当扬板提升时能够落进溜槽中排出;而轻产物则是密度小于重介质的固体废物,会从圆筒溢流口排出。

这种分选机比较适合分离粒度在40～60 mm的较粗的固体废物,其优点是结构非常简单,并且容易操作,在进行分选工作时,分选机内密度均匀,且能耗少,成本较低。当然,也存在着缺点,那就是在调节轻重产物量时操作不太方便。

二、跳汰分选

跳汰分选的原理是在垂直变速介质流里,根据密度分选固体废物。这种方法能够使被磨细的混合废物在垂直脉动的介质中,根据粒子群的密度大小分层。密度小的颗粒群位于上层,而密度大的颗粒群位于下层,通过这样的分层来达到固体废物的分选。在跳汰分选时,使用的运动介质是水,也被称为水力跳汰,而水力跳汰分选设备就是通常所说的跳汰机。

在进行跳汰分选工作时,先在筛板上给入固体废物,并形成密集的物料层,然后透过筛板,从下方周期性有规律地注入交变水流,从而使得床层变得松散且按照密度大小完成分层。密度较大的重产物会在下层聚集,透过筛板或专门的排料装置后排出;而密度较小的轻产物则进入上层,被水平水流带到机器外。通过不断给入密度不同的物料,轻重产物不断地排出,构成连续的分选过程。

(一)跳汰分选原理

固定水箱是一个跳汰分选装置机体最核心的构成部分,通过隔板,被分为两室,左边被称为跳汰室,右边则被称为活塞室。活塞通过偏心轮的带动,在活塞室中不断上下运动,使得周围的水不断进行上下交变运动。在设备工作中,当活塞向下时,跳汰室里因给入的物料受到上升运动的水流的作用,自下而上地运动,形成一种松散的悬浮状态。当上升的水流减弱时,较粗的颗粒呈下降状态,而较轻的颗粒则仍然可能上升,此时是物料状态最为松散的时候。当活塞开始向上运动,上升的水流便开始下降,这时物料则会按照其粒度和密度开始下降。当水流下降结束,这整个过程被称为一个跳汰循环。

(二)跳汰分选设备

跳汰机通常采用空气脉动跳汰机。前面介绍了有活塞的跳汰机,而无活塞式跳汰机可按照跳汰室与压缩空气室的不同,分为筛侧空气室跳汰机与筛下空气室跳汰机。前者的压缩空气室在跳汰机旁侧,后者的压缩空气室则直接安置在筛板下方。

1.筛侧空气室跳汰机

筛侧空气室跳汰机是目前使用较多的跳汰机,目前我国生产的筛侧空气室跳汰机主要有LTG型、LTW型、BM型和CTW型。国外有许多国家生产,型号也很繁多。下面仅就我国的LTG型跳汰机作介绍。

LTG—15型筛侧空气室跳汰机主要由机体、风阀、筛板、排料装置、排矸道、排中煤道等部分组成。纵向隔板将机体分为空气室和跳汰室。风阀将压缩空气交替地给入和排出空气室,使跳汰室中形成垂直方向的脉动水流。脉动水流特性取决于风阀结构、转速及给入的压缩空气量。从空气室下部给入的顶水用以改变脉动水流特性及固体废物在床层中的松散与分层。跳汰机的另一部分用水和入料一起加入。分层后的重产物分别经过各末端的排料装置排到机体下部并与透筛的小颗粒重产物相会合,一并由斗子提升机排出,轻产物自溢流口排至机外。

2.筛下空气室跳汰机

这种类型的跳汰机与前一种相比,有着水流沿筛面横向分布均匀、质量轻、占地面积小、分选效果好且易于实现大型化的优点。目前筛下空气室跳汰机逐渐被许多国家制造和使用。我国生产的筛下空气室跳汰机主要有LTX型、SKT型、X型。国外生产的筛下空气室跳汰机影响最为深远的是日本的高桑跳汰机,它是各种形式筛下空气室跳汰机的前身,而目前应用较广泛的是德国的巴达克跳汰机。筛下空气室跳汰机除了把空气室移到筛板下面以外,其他部分与筛侧空气室跳汰机基本相同。它们的工作过程也大致相同,但筛下空气室跳汰机风阀的进气压力较筛侧空气室跳汰机要大,约为35 kPa。我国生产LTX系列跳汰机共有7种规格,目前生产使用的主要有LTX—8型、LTX—14型和LTX—35型。LTX系列筛下空气室跳汰机采用旋转风阀,每个格室由单独的风阀供气,同时采用低溢流堰、自动排料方式,由大型浮标带动棘爪轮转速,实现自动排料过程。该系列产品应用较广的是LTX—14型。巴达克型跳汰机因合适的风阀结构、筛下空气室的布置方式及床层控制机构和较高的操作自动化水平,具有较高的分选工艺指标。

（三）跳汰机的入料与操作工艺

由于跳汰机的处理量大小与分选效果很大程度上取决于跳汰机的入料和操作工艺，在此处对入料要求与操作工艺进行阐述。

1.入料要求

跳汰机的工艺效果受入料性质（粒度及密度组成）的波动和给料量的变化直接影响，这就代表着如果想要得到较好的分选效果，就需要使入料性质的波动尽量保持在较小的范围，并且给料的速度要均匀，从而使得床层稳定，并在一定的风水制度下，使得床层保持最佳的分选状态。与此同时，还要注意入料宽度分布也要均匀，并且要保证固体废物预先润湿。

2.跳汰机的操作工艺

跳汰机的操作工艺主要有以下几个方面。

第一，跳汰频率和跳汰振幅。跳汰频率和振幅的选取与给料粒度和床层厚度有关，粒度大、床层厚，则要求有较大的水流振幅，相应的频率应小些，以使上升水流有足够的作用力抬起床层，使轻重物料置换位置有足够的空间和时间。频率只能通过改变风阀的转速来调节，振幅可通过改变风压、风量和风阀的进、排气孔面积等加以调节。

第二，风水联合作用。风水联合作用直接影响床层的松散状况。风压和风量起到加强上升水流和下降水流的作用。通常筛侧空气室跳汰机使用的风压为 0.018 ~ 0.025 MPa、风量为 5 ~ 6 $m^3/(m^2 \cdot min)$，筛下空气室跳汰机的风压为 0.025 ~ 0.035 MPa、风量为 5 ~ 6 $m^3/(m^2 \cdot min)$。跳汰室第一段风量要比第二段大，各段各分室的风量自入料依次减小，但有时为加强第二段中间分室的吸啜作用，强化细粒中有用颗粒的透筛过程，其风量可适当加大。跳汰机用水包括顶水和冲水，冲水的用量占总水量的20% ~ 30%。一般第一段水量大，给料处的隔室水量应更大些。

第三，风阀周期特性。脉动水流特性主要取决于风阀周期特性。对可调节的风阀，应根据固体废物的性质合理地调节其周期特性，使脉动水流有利于按密度分层的过渡阶段得到充分利用。周期特性的选择应保证床层在上升后期维持充分松散的条件下，尽量缩短进气期，延长膨胀期，使之有足够排气期。由于跳汰机第一段的床层厚且重，因此第一段的进气期通常比第二段长些，而第一段的膨胀期要比第二段短一些。

第四，床层状态。床层状态决定固体废物按密度分层的效果。床层状态主要是指床层松散度及厚薄度。提高床层松散度可以提高分层速度,但同时增加了固体废物的粒度和形状对分层的影响,不利于按密度分层。床层越厚,松散和分层所需时间越长,过厚时,在风压和风量不足的情况下,不能达到要求的松散度。床层减薄能增强吸啜作用,有利于细粒级物料的分选,并能得到比较纯净的轻产物。但过薄时,吸啜作用过强,轻产物透筛损失增加、床层不稳定。

第五,重产物的排放。重产物的排放速度应与床层分层速度、床层水平移动速度相适应。如果重产物排放不及时,将产生堆积,影响轻产物的质量;如果重产物排放太快,将出现重产物过薄的情况,使整个床层不稳定,从而破坏分层,增加轻产物损失。在重产物排放问题上,高灵敏度的自动排料装置具有重要的意义。

第三节　城市垃圾风力分选技术

一、风力分选技术原理

风力分选技术通常简称为风选,也被称作气流分选。顾名思义,该技术的分选介质为空气,固体废物因自身的密度和粒度大小,在气流的作用下进行分选。除了在城市垃圾的筛分上得到应用,还可以用在农业谷类废物处理上[①]。

空气的密度和黏度都比水要小,并且具备可压缩性。当压力为 1 Pa 及温度为 20 ℃时,空气密度为 0.001 18 g/cm³,黏度为 0.000 018 Pa·s。因为在风选过程中应用的风压不超过 1 MPa,所以,实际上可以忽略空气的压缩性,而将其视为具有液体性质的介质。颗粒在水中的沉降规律也同样适用于在空气中的沉降。但由于空气密度较小,与颗粒密度相比之下忽略不计,故颗粒在空气中的沉降末速(v_0)为

$$v_0 = \sqrt{\frac{\pi d \rho_s g}{6 \psi \rho}} \tag{3-8}$$

①周珍. 城市固体废弃物的处理及综合利用[J]. 中国资源综合利用,2020,38(02):60-62.

式中：d 为颗粒的直径，m；

ρ_s 为颗粒的密度，kg/m^3；

ρ 为空气的密度，kg/m^3；

ψ 为阻力系数；

g 为重力加速度，m/s^2。

当颗粒粒度一定时，密度大的颗粒沉降末速大；当颗粒密度相同时，直径大的颗粒沉降末速大。由于颗粒的沉降末速同时与颗粒的密度、粒度及形状有关，因而在同一介质中，密度、粒度和形状不同的颗粒在特定的条件下，可以具有相同的沉降速度。这样的相应颗粒称为等降颗粒。其中，密度小的颗粒粒度（d_{r1}，mm）与密度大的颗粒粒度（d_{r2}，mm）之比，称为等降比，以 e_0 表示，如式（3-9）所示：

$$e_0 = \frac{d_{r1}}{d_{r2}} > 1 \tag{3-9}$$

等降比的大小可由沉降末速的个别公式或通式写出，如两颗粒等降，则 $v_{01} = v_{02}$，那么

$$\sqrt{\frac{\pi d_1 \rho_{s1} g}{6 \psi_1 \rho}} = \sqrt{\frac{\pi d_2 \rho_{s2} g}{6 \psi_2 \rho}} \tag{3-10}$$

$$\frac{d_1 \rho_{s1}}{\psi_1} = \frac{d_2 \rho_{s2}}{\psi_2} \tag{3-11}$$

可得

$$e_0 = \frac{d_1}{d_2} = \frac{\psi_1 \rho_{s2}}{\psi_2 \rho_{s1}} \tag{3-12}$$

等降比（e_0）将随两种颗粒的密度差（$\rho_{s2} - \rho_{s1}$）的增大而增大；而且 e_0 还是阻力系数（ψ）的函数。理论与实践都表明，e_0 将随颗粒粒度变细而减小。颗粒在空气中的等降比远小于在水中的等降比，所以为了提高分选效率，在风选之前需要将废物进行窄分级，或经破碎使粒度均匀后，使其按密度差异进行分选。

颗粒在空气中沉降时所受到的阻力远小于在水中沉降时所受到的阻力，所以颗粒在静止空气中达到沉降末速所需的时间和沉降距离都较长。颗粒在上升气流中达到沉降末速时，颗粒的沉降速度（v'_0，m/s）等于颗粒对介质的相对速度（v_0，m/s）和上升气流速度（u_a，m/s）之差，如下：

$$v'_0 = v_0 - u_a \tag{3-13}$$

所以,上升气流可以缩短颗粒达到沉降末速的时间和距离。因此,在风选过程中常采用上升气流。

颗粒在实际的风选过程中的运动是干涉沉降。在干涉条件下,上升气流速度远小于颗粒的自由沉降末速时,颗粒群就呈悬浮状态。颗粒群的干涉末速(v_{hs},m/s)为

$$v_{hs} = v_0(1 - \lambda)^n \tag{3-14}$$

式中:λ 为物料的容积浓度,kg/m^2;

n 值大小与物料的粒度及状态有关,多介于 2.33 ~ 4.65。

在颗粒达到末速保持悬浮状态时,上升气流速度(u_a,m/s)和颗粒的干涉末速(v_{hs},m/s)相等。在干涉沉降条件下,使颗粒群按密度分选时,上升气流速度的大小,应根据固体废物中各种物质的性质,通过实验确定。

在风选中还常应用水平气流。在水平气流分选器中,物料是在空气动压力及本身重力作用下按粒度或密度进行分选的。由图3-3可以看出,如在缝隙处有一直径为d的球形颗粒,并且通过缝隙的水平气流为u时,那么,颗粒将受到空气动压力与颗粒本身的重力的作用。

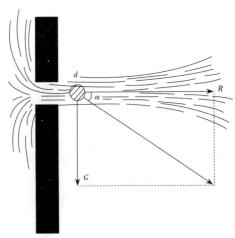

图3-3 水平气流中颗粒的受力

空气动压力(R):

$$R = \psi d^2 u^2 \rho \tag{3-15}$$

式中:ψ 为阻力系数;

ρ 为空气的密度,kg/m^3;

u 为水平气流的速度,m/s。

颗粒本身的重力(G):

$$G = mg = \frac{\pi d^3 \rho_s}{6} \times g \qquad (3-16)$$

式中:m 为颗粒的质量,kg;

ρ_s 为颗粒的密度,kg/m³。

颗粒的运动方向将和两力的合力方向一致,并且由合力与水平夹角(α)的正切值来确定:

$$\mathrm{tg}\alpha = \frac{G}{R} = \frac{\pi d^3 \rho_s g}{6\psi d^2 u^2 \rho} = \frac{\pi d \rho_s g}{6\psi u^2 \rho} \qquad (3-17)$$

由此可得,当水平气流速度一定、颗粒粒度相同时,密度大的颗粒沿与水平夹角较大的方向运动;密度较小的颗粒则沿夹角较小的方向运动,从而达到按密度差异分选的目的。

二、风选设备及应用

一般来说,风选设备在国外使用较为广泛,不管是何种分选设备,工作的原理都是一样的。风选设备的分类一般是根据气流的主流向来区分,有水平、垂直和倾斜三种类型。在这三种设备里,最常用的便是垂直气流分选机,其组件主要由风机、细粉分离器与锁气器三部分构成。

垂直风选设备常见的两种结构。

在图3-4中,后一种是在前一种的基础上改进而来的。气流分选机要能有效地识别轻重物料,一个重要的条件是要使气流在分选筒中产生湍流和剪切力,从而使物料团分散,达到较好的分散效果。为达到这一目的,通过大量试验对分选筒进行了改进:竖向分选器内曲折壁呈60°,每段折壁长280 mm。垃圾先经自然干燥到含水率9.1%,再进行分选。所得的轻质组分中有机物纯度和回收率都会比较高,重质组分中主要为无机成分。也可以直接将含水率42%的生活垃圾进行风选,此时所得的轻质组分中有机物纯度可达99%,重质组分中的无机物成分比前一种情况要低。

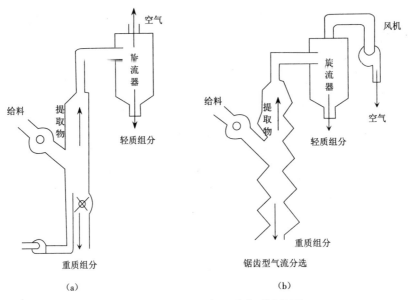

图3-4　垂直风选设备两种典型结构图

(一)风机

在风网系统中,最重要的设备便是风机。风机的优劣对风网系统性能的优劣有着很大的决定性作用。一般来说,用在风选设备的风机采用的是高压离心式通风机,这种通风机相较于同一机号中的中、低压离心式通风机,进风口较小,叶轮和机壳也较窄,这就使得在相同的转速下,其产生的风量虽然小,但风压较高。我们在设计的过程中一般选用的是9-19型、9-26型高压离心通风机。

(二)细粉分离器

细粉分离器是利用离心力把固体颗粒从含尘气体中分离出来的机械设备,其内部无运动部件。在垃圾的分选过程中它作为卸料器使用,同时还起到除尘净化的作用。它由内外两个圆筒和一个圆锥筒组成,圆筒和圆锥筒用薄钢板卷成,带料气流从长方形的进料口进入分离器,沿内壁一边做旋转运动,一边下降,物料由于离心力的作用被甩向外层,与圆筒壁和圆锥壁不断摩擦,速度逐渐降低,最后在重力作用下滑向圆锥下端的排料口排出,气流则继续旋转,到达圆锥的下部后开始返升,从上部排出。影响细粉分离器性能的因素很多,进口速度是最重要的,对于每一个细粉分离器都有一个最佳的进口风速范围。

(三)锁气器

锁气器又叫闭风器,当排料口上下存在压力差时,运用它可以顺利地排料,不至于使高压侧空气过多地漏入低压侧。星形锁气器由叶轮和圆筒形外壳组成,外壳的上端为进料口,进料口与卸料器的排料口用法兰连接,当叶轮不断转动时,物料从上端进入,在叶轮带动下从下部排出。由于叶轮与外壳的间隙很小,空气的泄漏量很小。转速以不超过60 r/min为宜,转速过高一方面会使物料不易落入,另一方面会导致排出和吸入的空气量过多。叶轮和外壳之间合理的间隙是保证锁气效果的关键,在此选用三级精度的第三种配合。

随着人们生活水平的显著提高,城市垃圾中有机物的含量显著增加,风选技术必然得到越来越广泛的应用,我国在这个领域还属于起步阶段,在参照国外技术的同时,应从我国国情出发,设计出适合我国城市垃圾成分的风选设备,从而实现垃圾的资源化和无害化,处理的合理化。在此基础上还应注意到降低运转成本,提高经济效益等各方面的问题。

第四节 城市垃圾摇床分选技术

一、摇床设备

摇床分选是在一个倾斜的床面上,借助床面的不对称往复运动和薄层斜面水流的综合作用,使细粒固体废物按密度差异在床面上呈扇形分布来进行分选的一种方法。

所有的摇床基本上都是由床面、机架和传动机构三大部分组成。平面摇床的床面近似矩形或菱形。在床面纵长的一端设置传动装置,在床面的横向有较明显的倾斜,在倾斜的上方布置给矿槽和给水槽。床面上沿纵向布置有床条(俗称来复条)。床条的高度自传动端向对侧逐渐降低,并沿一条或两条斜线尖灭。整个床面由机架支撑或吊起,机架上装有调坡装置。

摇床分选是细粒固体物料分选应用最为广泛的方法之一。该分选法按比重不同分选颗粒,但粒度和形状亦影响分选的精确性。为了提高分选指标和精确性,选别之前需将物料分级,各个粒级单独选别。分级设备常采用水力分级机。

在摇床分选设备中最常用的是平面摇床。平面摇床主要由床面、床头和传动机构组成。摇床床面近似梯形,横向有1.5°~5°的倾斜。在倾斜床面的上方设置有给料槽和给水槽。床面上铺有耐磨层(如橡胶等)。沿纵向布置有床条,床条高度从传动端向对侧逐渐降低,并沿一条斜线逐渐趋向于零。整个床面由机架支撑,床面横向坡度借机架上的调坡装置调节。床面由传动装置带动进行往复不对称运动①。

二、摇床分选过程

摇床分选过程是由给水槽给入冲洗水,布满横向倾斜的床面,并形成均匀的斜面薄层水流。当固体废物颗粒给入往复摇动的床面时,颗粒群在重力、水流冲力床层摇动产生的惯性力以及摩擦力等综合作用下,按密度差异产生松散分层。不同密度(或粒度)的颗粒以不同的速度沿床面纵向或横向运动,因此,它们的合速度偏离摇动方向的角度也不同,致使不同密度的颗粒在床层上呈扇形分布,从而达到分选的目的。

床面上的床条不仅能形成沟槽,增强水流的脉动,增加床层松散,有利于颗粒分层和析离,而且所引起的涡流能清洗出混杂在大密度颗粒层内的小密度颗粒,改善分选效果。床的高度由传动端向重产物端逐渐降低,使分好层的颗粒依次受到冲洗。处于上层的是粗而轻的颗粒,重颗粒则沿沟槽被继续向重产物端迁移。这些特性对摇床分选起很大作用。

综上所述,摇床分选具有以下特点:第一,床面的强烈摇动使松散分层和迁移分离得到加强,在分选过程中,析离分层占主导,使其按密度分选更加完善;第二,摇床分选是斜面薄层水流分选的一种,因此等降颗粒可因移动速度的不同达到按密度分选;第三,不同性质颗粒的分离,不单纯取决于纵向和横向的移动速度,而主要取决于它们的合速度偏离摇动方向的角度。

---

①李钢. 城市生活垃圾处理常见技术分析[J]. 科技与创新,2019(24):131-132.

第五节　城市垃圾磁力分选技术

　　磁力分选简称磁选,它在固体废物的处理和利用中通常用来分选或去除铁磁性物质;磁流体分选常用来从工厂废料中分离回收铝、铜、铅、锌等有色金属。

　　磁选有两种类型:一种是传统的电磁和永磁磁系磁选法;另一种是磁流体分选法,是近些年发展起来的一种新的分选方法。

一、磁选

　　磁选是利用固体废物中各种物质的磁性差异在不均匀磁场中进行分选的一种处理方法。磁选过程是将固体废物输入磁选机后,磁性颗粒在不均匀磁场作用下被磁化,从而受磁场吸引力的作用,使磁性颗粒吸在圆筒上,并随圆筒进入排料端排出;非磁性颗粒由于所受的磁场作用力很小,仍留在废物中被排出。固体废物颗粒通过磁选机的磁场时,同时受到磁力和机械力(包括重力、离心力、介质阻力、摩擦力等)的作用。

　　磁性强的颗粒所受的磁力大于其所受的机械力,而非磁性颗粒所受的磁力很小,则主要受机械力影响。作用在各种颗粒上的磁力和机械力的合力不同,使它们的运动轨迹也不同,从而实现分离。

　　磁性颗粒分离的必要条件是磁性颗粒所受的磁力必须大于与它方向相反的机械力的合力,如式(3-18):

$$f_{磁} > \Sigma f_{机} \qquad\qquad (3-18)$$

式中:$f_{磁}$为磁性颗粒所受的磁力,N;

　　$\Sigma f_{机}$为与磁力方向相反的机械力的合力,N。

　　该式不仅说明了不同磁性颗粒的分离条件,同时也说明了磁选的实质,即磁选是利用磁力与机械力对不同磁性颗粒的不同作用而实现的。

(一)固体废物中各种物质磁性分类

　　根据固体废物比磁化系数的大小,可将其中各种物质大致分为以下三类:强磁性物质,其比磁化系数$x_0 > 38 \times 10^{-6}$ m³/kg,在弱磁场磁选机中可分离出这类物质;弱磁性物质,其比磁化系数$x_0 = (0.19 \sim 7.5) \times 10^{-6}$ m³/kg,

可在强磁场磁选机中回收;非磁性物质,其比磁化系数 $x_0<0.19\times10^{-6}$ m³/kg,在磁选机中可以与磁性物质分离。

(二)磁选设备及应用

磁选设备主要有以下三种。

1.磁力滚筒

磁力滚筒又称磁滑轮,有永磁和电磁两种,应用较多的是永磁滚筒。这种设备的主要组成部分是一个回转的多极磁系以及套在磁系外面的用不锈钢或铜、铝等非导磁材料制成的圆筒。磁系与圆筒固定在同一个轴上,安装在带式输送机头部(代替传动滚筒)。

将固体废物均匀地给在带式输送机上,当废物经过磁力滚筒时,非磁性或磁性很弱的物质在离心力和重力作用下脱离皮带面,而磁性较强的物质受磁力作用被吸在皮带上,并由皮带带到磁力滚筒的下部,当皮带离开磁力滚筒伸直时,由于磁场强度减弱而落入磁性物质收集槽中。这种设备主要用于工业固体废物或城市垃圾的破碎设备或焚烧炉前,除去废物中的铁器,防止损坏破碎设备或焚烧炉。

2.湿式CTN型永磁圆筒式磁选机

CTN型永磁圆筒式磁选机的构造形式为逆流型。它的给料方向和圆筒旋转方向或磁性物质的移动方向相反。物料液由给料箱直接进入圆筒的磁系下方,非磁性物质由磁系左边下方的底板上排料口排出。磁性物质随圆筒逆着给料方向移到磁性物质排料端,排入磁性物质收集槽中。

这种设备适用于粒度不大于0.6 mm的强磁性颗粒的回收及从钢铁冶炼排出的含铁尘泥和氧化铁皮中回收铁以及回收重介质分选产品中的加重质。

3.悬吊磁铁器

悬吊磁铁器主要用来去除城市垃圾中的铁器保护破碎设备及其他设备免受损坏。悬吊磁铁器有一般式除铁器和带式除铁器两种。当铁物数量少时采用一般式除铁器,当铁物数量多时采用带式除铁器。一般式除铁器是通过切断电磁铁的电流排出铁物,而带式除铁器则是通过胶带装置排出铁物。

二、磁流体分选（MHS）

所谓磁流体是指某种能够在磁场或磁场和电场联合作用下磁化，呈现似加重现象，对颗粒产生磁浮力作用的稳定分散液。磁流体通常采用强电解质溶液、顺磁性溶液和铁磁性胶体悬浮液①。

磁流体分选是利用磁流体作为分选介质，在磁场或磁场和电场的联合作用下产生"加重"作用，按固体废物各组分的磁性和密度的差异或磁性、导电性和密度的差异，使不同组分分离。当固体废物中各组分间的磁性差异小而密度或导电性差异较大时，采用磁流体可以有效地进行分离。似加重后的磁流体仍然具有液体原来的物理性质，如密度、流动性、黏滞性等。似加重后的密度称为视在密度，它可以通过改变外磁场强度、磁场梯度或电场强度来调节。视在密度高于流体密度（真密度）数倍，流体密度一般为 $1400 \sim 1600 \text{ kg/m}^3$，而似加重后的流体视在密度可高达 $19\,000 \text{ kg/m}^3$，因此，磁流体分选可以分离密度范围宽的固体废物。

磁流体分选根据分离原理与介质的不同，可分为磁流体动力分选和磁流体静力分选两种。

（一）磁流体动力分选（MHDS）

磁流体动力分选是在磁场（均匀磁场或非均匀磁场）与电场的联合作用下，以强电解质溶液为分选介质，按固体废物中各组分间密度、比磁化率和电导率的差异使不同组分分离。磁流体动力分选的研究历史较长，技术也较成熟，其优点是分选介质为导电的电解质溶液，来源广、价格便宜、黏度较低、分选设备简单、处理能力较大，缺点是分选介质的视在密度较小、分离精度较低。

（二）磁流体静力分选（MHSS）

磁流体静力分选是在非均匀磁场中，以顺磁性液体和铁磁性胶体悬浮液为分选介质，按固体废物中各组分间密度和比磁化率的差异进行分离。由于不加电场，不存在电场和磁场联合作用产生的特性涡流，故称为静力分选。其优点是视在密度高，介质黏度较小，分离精度高；缺点是分选设备较复杂、介质价格较高、回收困难、处理能力较差。

通常，要求分离精度高时，采用静力分选；固体废物中各组分间电导

---

① 李德贤. 新型强磁选组合设备的研发及应用[J]. 科技风，2020(12)：11.

率差异大时,采用动力分选。

磁流体分选是一种重力分选和磁力分选联合作用的分选过程。各种物质在似加重介质中按密度差异分离,这与重力分选相似,在磁场中按各种物质间磁性(或电性)差异分离与磁选相似,不仅可以将磁性和非磁性物质分离,而且可以将非磁性物质按密度差异分离。因此,磁流体分选法将在固体废物处理与利用中占有特殊的地位。它不仅可以分离各种工业固体废物,而且可以从城市垃圾中回收铝、铜、锌、铅等金属。

(三)分选介质

理想的分选介质应具有磁化率高、密度大、黏度低、稳定性好、无毒、无刺激味、无色透明、价廉易得等特殊条件。

顺磁性盐溶液:顺磁性盐溶液有多种,Mn、Fe、Ni、Co盐的水溶液均可作为分选介质。其中,有实用意义的有 $MnCl_2 \cdot 4H_2O$、$MnBr_2$、$MnSO_4$、$Mn(NO_3)_2$、$FeCl_2$、$FeSO_4$、$Fe(NO_3)_2 \cdot 2H_2O$、$NiCl_2$、$NiBr_2$、$NiSO_4$、$CoCl_2$、$CoBr_2$ 和 $CoSO_4$ 等。这些溶液的体积磁化率约为 $8 \times 10^{-7} \sim 8 \times 10^{-8}$,真密度为 $1400 \sim 1600 \ kg/m^3$,且黏度低、无毒。其中 $MnCl_2 \cdot 4H_2O$ 溶液的视在密度可达 $11\ 000 \sim 12\ 000 \ kg/m^3$,是重悬浮液所不能比拟的。

$MnCl_2 \cdot 4H_2O$ 和 $Mn(NO_3)_2$ 溶液基本具有上述分选介质所要求的特性条件,是较理想的分选介质。分离固体废物(轻产物密度小于 $3000 \ kg/m^3$)时,可选用更便宜的 $FeSO_4$、$MnSO_4$ 和 $CoSO_4$ 水溶液。

(四)铁磁性胶粒悬浮液

一般采用超细粒(10 nm)磁铁矿胶粒作分散质,用油酸、煤油等非极性液体介质,并添加表面活性剂为分散剂调制成铁磁性胶粒悬浮液。一般每升该悬浮液中含 $10^7 \sim 10^{18}$ 个磁铁矿粒子。其真密度为 $1050 \sim 2000 \ kg/m^3$,在外磁场及电场作用下,可使介质加重到 $20\ 000 \ kg/m^3$。这种磁流体介质黏度高,稳定性差,介质回收再生困难。

(五)磁流体分选设备及应用

图3-5为J.Shimoiizaka分选槽构造及工作原理示意图。该磁流体分选槽的分离区呈倒梯形,上宽130 mm、下宽50 mm、高150 mm、纵向深150 mm。磁系属于永磁。分离密度较高的物料时,磁系用钐-钴合金磁铁,其密度可达10 000 kg/m³。每个磁体大小为40 mm×123 mm×136 mm,

两个磁体相对排列,夹角为30°。分离密度较低的物料时,磁系用锶铁氧体磁体,视在密度可达3500 kg/m³,图中阴影部分相当于磁体的空气隙,物料在这个区域中被分离。

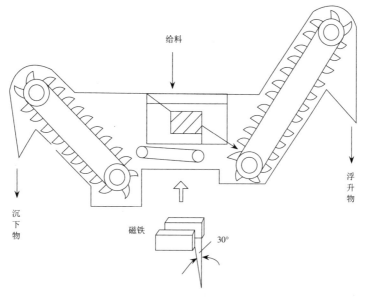

图3-5 J.Shimoiizaka分选槽构造及工作原理示意图

第六节 城市垃圾电力分选技术

电力分选简称电选,是利用城市生活垃圾中各种组分在高压电场中电性的差异而实现分选的一种方法。一般物质大致可分为电的良导体、半导体和非导体,它们在高压电场中有着不同的运动轨迹,加上机械力的协同作用,即可将它们互相分开。电选对于塑料橡胶、纤维、废纸、合成皮革、树脂等与某些物料的分离,各种导体、半导体和绝缘体的分离等都十分简便有效。

一、电选的分离过程

电选分离过程是在电选设备中进行的。废物由给料斗均匀地给入辊筒,随着辊筒的旋转,废物颗粒进入电晕电场区,由于空间带有电荷,导体和非导体颗粒都获得负电荷(与电晕电极电性相同),导体颗粒一面荷电,一面又把电荷传给辊筒(接地电极),其放电速度快,因此,当废物颗粒随辊筒旋转离开电晕电场区而进入静电场区时,导体颗粒的剩余电荷少,而非导体颗粒则因放电速度慢,剩余电荷多。导体颗粒进入静电场后不再继续获得负电荷,但仍继续放电,直至放完全部负电荷,并从辊筒上得到正电荷而被辊筒排斥,在电力、离心力和重力分力的综合作用下,其运动轨迹偏离辊筒,在辊筒前方落下。偏向电极的静电引力作用增大了导体颗粒的偏离程度。非导体颗粒由于有较多的剩余负电荷,将与辊筒相吸,被吸附在辊筒上,带到辊筒后方,被毛刷强制刷下。半导体颗粒的运动轨迹则介于导体与非导体颗粒之间,成为半导体产品落下,从而完成电选分离过程。

二、分类及原理

使用的电选机按电场特征主要分为静电分选机和复合电场分选机两种[①]。

(一)静电分选机

静电分选机中废物的带电方式为直接传导带电。废物直接与传导电极接触,导电性好的废物将获得和电极极性相同的电荷而被排斥,导电性差的废物或非导体与带电滚筒接触被极化,在靠近辊筒一端产生相反的束缚电荷被辊筒吸引,从而实现不同电性的废物分离。

静电分选机既可以从导体与绝缘体的混合物中分离出导体,也可以对含不同介电常数的绝缘体进行分离。对于导体(如金属类)和绝缘体(如玻璃、砖瓦、塑料与纸类等),混合颗粒静电分选装置的主要部件是由一个带负电的绝缘辊筒与靠近辊筒和供料器的一组正电极组成。当固体废物接近辊筒表面时,由于高压电场的感应作用,导体颗粒表面发生极化作用而带正电荷,被辊筒的聚合电场所吸引。而接触后,由于传导作用又使之带负电荷,在库仑力的作用下又被辊筒排斥,脱离辊筒而下落。绝缘体因不产生上述作用,被辊筒迅速甩落,达到导体与绝缘体的分离。对于不同介电常数的绝缘体,静电分选是将待分离的混合颗粒悬

---

①辛元元. 垃圾处理及大气污染治理技术探究[J]. 现代工业经济和信息化,2019,9(02):54-55.

浮于介电常数介于两种绝缘体间的液体中,在悬浮物间建立会聚电场,介电常数高于液体的绝缘体向电场增强的方向移动,低于介电常数的绝缘体则向反向移动,达到分离目的。

静电分选可用于各种塑料、橡胶和纤维纸、合成皮革和胶卷等物质的分选,如将两种性能不同的塑料混合物施以电压,使一种塑料负电荷,另一种塑料正电荷,就可以使两种性能不同的塑料有效分离。静电分选可使塑料类回收率达到99%以上,纸类高达100%。含水率对静电分选的影响与其他分选方法相反,含水率越高,回收率越大。

(二)复合电场分选机

复合电场分选机的电场为电晕-静电复合电场。大多数电选机应用的是电晕-静电复合电场。电晕电场是不均匀电场,在电场中有两个电极:电晕电极(带负电)和辊筒电极(带正电)。当两电极间的电位差达到某一数值时,负极发出大量电子,并在电场中以很高的速度运动。当它们与空气分子碰撞时,便使空气分子电离。空气的负离子飞向正极,形成体电荷。导电性不同的物质进入电场后,都获得负电荷,但它们在电场中的表现行为不同。导电性好的物质将负电荷迅速传给正极而不受正极作用;导电性差的物质传递电荷速度很慢,而受到正极的吸引作用。可利用这一差异分离导电性不同的物质,如使用电晕电选机。

三、电选设备及应用

将含有铝和玻璃的废物,通过电振给料器均匀地给到带电辊筒上,铝为良导体,从辊筒电极获得相同符号的大量电荷,因而被辊筒电极排斥落入铝收集槽内。玻璃为非导体,与带电辊筒接触被极化,在靠近辊筒一端产生相反的束缚电荷,被辊筒吸住,随辊筒带至后面被毛刷强制刷落,进入玻璃收集槽,从而实现铝与玻璃的分离。

YD-4型高压电选机的特点是具有较宽的电晕电场区、特殊的下料装置和防积灰漏电措施,整机密封性能好,采用双筒并列式,结构合理、紧凑,处理能力强,效率高,可作为粉煤灰专用设备。

该机的工作原理是将粉煤灰均匀给到旋转接地辊筒上,带入电晕电场后,炭粒由于导电性良好,很快失去电荷,进入静电场后从辊筒电极获得相同符号的电荷而被排斥,在离心力、重力及静电斥力综合作用下落入集炭槽成为精煤。而灰粒由于导电性较差,能保持电荷,与带相反符号电荷的辊筒相吸,并牢固地吸附在辊筒上,最后被毛刷强制刷落,进入集灰槽,从而实现炭灰分离。

粉煤灰经二级电选分离的脱炭灰,其含炭率小于8%,可作为建材原料。精煤含炭率大于50%,可作为型煤原料。

第七节　城市垃圾其他分选技术

除了前面提到的分选技术外,在城市垃圾的处理上,还有其他能够实现这一功能的技术,由于技术种类较多,主要补充浮选技术、摩擦与弹跳分选、光电分选这三种。

一、浮选

(一)浮选原理

将浮选药剂给入固体废物与水调制成料浆后,通入空气形成许多细小的气泡,并让物料中的欲选物质附着在气泡上,跟随气泡一起浮在料浆的表面,形成气泡层,再将该层气泡刮出。而未浮在表面的颗粒则留在料浆中,进行技术处理之后废弃。

物质表面的湿润性是对浮选过程中固体废物各组成部分对气泡黏附的选择性比较重要的决定项,除此之外,还有由固体颗粒、水、气泡组成的其他三相界面间的物理化学特性。

固体废物中表面疏水性强的物质在进行浮选过程时,比较容易粘附气泡,而那些亲水性强的物质则不然,它们通常会留在料浆中。而在浮选中加入浮选药剂,则是为了让物质表面的亲水性和疏水性表现得更加明显。所以,选择何种浮选药剂是浮选工艺的重要外因条件,是调整物质可浮性的重要环节。

(二)浮选药剂

一般来说,由于不同的药剂在浮选过程中产生的作用不同,主要可以分为三大类,分别是捕收剂、调整剂以及起泡剂。

1.捕收剂

捕收剂的作用是选择性地吸附于欲选物质颗粒的表面,增加它的疏水性,使得颗粒更加容易附着在气泡上,提高了可浮性。而捕收剂要想达到预期效果,至少应该具备以下四个条件,分别是:①捕收作用强,具有足够的活性;②有较高的选择性,最好只对一种物质颗粒具有捕收作用;③易溶于水、无毒、无臭、成分稳定,不易变质;④价廉易得。常用的捕收剂有异极性捕收剂和非极性油类捕收剂两类。

2.起泡剂

起泡剂是一种表面活性物质,主要作用在气-水界面上,使其界面张力降低,促使空气在料浆中弥散,形成小气泡,并防止气泡兼并,增大分选界面,提高气泡与颗粒的黏附和上浮过程中的稳定性,以保证气泡上浮形成泡沫层。适用于浮选技术的起泡剂应具备:①用量少,能形成量多、分布均匀、大小适宜、韧性适当和黏度不大的气泡;②有良好的流动性,适当的水溶性,无毒、无腐蚀性,便于使用;③无捕收作用,对料浆的pH变化和料浆中的各种物质颗粒有较好的适应性。常用的起泡剂有松油、松醇油、脂肪醇等。

3.调整剂

调整剂除了能够调整其他药剂(主要是捕收剂)与物质颗粒表面之间的作用之外,还能够调整料浆的性质,提高浮选过程的选择性。调整剂按照其作用,可以分为以下四类,分别是:①活化剂。能够起到活化作用的调整剂被称为活化剂,主要促进捕收剂和欲选物质颗粒之间的作用,使得颗粒更容易上浮。②抑制剂。抑制剂的作用是降低非选物质颗粒和捕收剂之间的作用,使其更不容上浮,从而加大非选物质颗粒与欲选物质颗粒之间在可浮性上存在的差异,使得浮选效果更加明显,简单来讲,就是与活化剂的作用相反。③介质调整剂。这种调整剂主要针对料浆,调整料浆的性质,从而让料浆对一些物质颗粒的浮选更加有利,抑制其他物质颗粒的浮选。比较常用的介质调整剂为酸和碱类。④分散与混凝剂。主要针对料浆中的细泥,使其分散、团聚与絮凝,从而有效降低细泥在浮选过程中产生的干扰现象,进而达到改善浮选效果和提高浮选效率的目的。常用的分散剂有无机盐类(如苏打、水玻璃等)和高分子化合物(如各类聚磷酸盐)。常用的混凝剂有石灰、明矾、聚丙烯酰胺等。

(三)浮选设备

我国最常使用的浮选设备类型为机械搅拌式浮选机。

大型浮选机每两个槽为一组,第一个槽为吸入槽,第二个槽为直流槽。小型浮选机一般4~6个槽为一组,每排可以配置2~20个槽。每组有1个中间室和料浆面调节装置。

浮选工作时,料浆由进浆管进入,给到盖板与叶轮中心处,由于叶轮的高速旋转,在盖板与叶轮中心处造成一定的负压,空气由进气管和套管吸入,与料浆混合后一起被叶轮甩出。在强烈的搅拌下,气流被分割成无数微细气泡。欲选物质颗粒与气泡碰撞黏附在气泡上而浮升至料浆表面形成泡沫层,经刮泡机刮出成为泡沫产品,再经消泡脱水后即可回收[1]。

(四)浮选工艺过程

浮选工艺过程为有以下三点。

1.浮选前料浆的调制

浮选前料浆的调制主要是废物的破碎、磨碎等,目的是得到粒度适宜、基本上单体解离的颗粒,进入浮选的料浆浓度必须适合浮选工艺的要求。

2.加药调整

添加药剂的种类与数量,应根据欲选物质颗粒的性质,通过试验确定。

3.充气浮选

将调制好的料浆引入浮选机内,由于浮选机的充气搅拌作用,形成大量的弥散气泡,提供颗粒与气泡碰撞接触机会,可浮性好的颗粒黏附于气泡上而上浮形成泡沫层,经刮出收集、过滤脱水,即为浮选产品;不能黏附在气泡上的颗粒仍留在料浆内,经适当处理后废弃或留作其他用途。

一般浮选法是将有用物质浮入泡沫产品,而无用或回收经济价值不大的物质仍留在料浆内,这种浮选法称为正浮选。但也有将无用物质浮入泡沫产品中、将有用物质留在料浆中的,这种浮选法称为反浮选。

---

[1]鲍星海.城市生活垃圾处理的学习与借鉴[J].科学大众(科学教育),2019(01):194.

固体废物中含有两种以上的有用物质,其浮选方法有以下两种:①优先浮选。将固体废物中的有用物质依次选出,使其成为单一物质产品。②混合浮选。将固体废物中的有用物质共同选出为混合物,然后再把混合物中的有用物质依次分离。

二、摩擦与弹跳分选

摩擦与弹跳分选是根据固体废物中各组分的摩擦系数和碰撞系数的差异,在斜面上运动或与斜面碰撞弹跳时,产生不同的运动速度和弹跳轨迹而实现彼此分离的一种处理方法。

固体废物从斜面顶端给入,并沿着斜面向下运动时,其运动方式随颗粒的性质或密度不同而不同。其中,纤维状废物或片状废物几乎全靠滑动,球形颗粒有滑动、滚动和弹跳三种运动。当颗粒单体(不受干扰)在斜面上向下运动时,纤维体或片状体的滑动运动加速度较小,运动速度不快,所以它脱离斜面抛出的初速度较小,而球形颗粒由于是滑动、滚动和弹跳相结合的运动,其加速度较大,运动速度较快,因此,它脱离斜面抛出的初速度也较大。

当废物离开斜面抛出时,因受空气阻力的影响,抛射轨迹并不严格沿着抛物线前进。其中,纤维废物由于形状特殊,受空气阻力影响较大,在空气中减速很快,抛射轨迹表现严重的不对称(抛射开始接近抛物线,其后接近垂直落下),使它抛射不远;废物颗粒接近球形,受空气阻力影响较小,在空气中运动减速较慢,抛射轨迹表现对称,使它抛射较远。在固体废物中,纤维状废物与颗粒废物、片状废物与颗粒废物,因形状不同,在斜面上运动或弹跳时,产生不同的运动速度和运动轨迹,因而可以彼此分离。

城市垃圾自一定高度给到斜面上时,其纤维废物、有机垃圾和灰土等近似塑性碰撞,不产生弹跳;而砖瓦、铁块、碎玻璃、废橡胶等则属弹性碰撞,产生弹跳,跳离碰撞点较远,两者运动轨迹不同,因而得以分离。

摩擦与弹跳分选设备有带式筛、斜板运输分选机、反弹滚筒分选机等。带式筛是一种倾斜安装带有振打装置的运输带,其带面由筛网或刻沟的胶带制成。带面安装倾角(α)大于颗粒废物的摩擦角,小于纤维废物的摩擦角。

废物从带面的下半部由上方给入,由于带面的振动,颗粒废物在带面上作弹性碰撞,向带的下部弹跳,又因带面的倾角大于颗粒废物的摩擦角,所以颗粒废物进行下滑的运动,最后从带的下端排出。纤维废物与带面为塑性碰撞,不产生弹跳,并且带面倾角小于纤维废物的摩擦角,所以纤维废物不沿带面下滑,而随带面一起向上运动,从带的上端排出。在向上运动过程中,带面的振动使一些细粒灰土透过筛孔从筛下排出,从而使颗粒状废物与纤维废物分离。

城市垃圾由给料带式输送机从斜板运输分选机的下半部的上方给入,其中砖瓦、铁块、玻璃等与斜板板面产生弹性碰撞,向板面下部弹跳,从斜板分选机下端排入重的弹性产物收集仓,而纤维织物、木屑等与斜板板面为塑性碰撞,不产生弹跳,因而随斜板运输板向上运动,从斜板上端排入轻的非弹性产物收集仓,从而实现分离。其具体工作原理见图3-6。

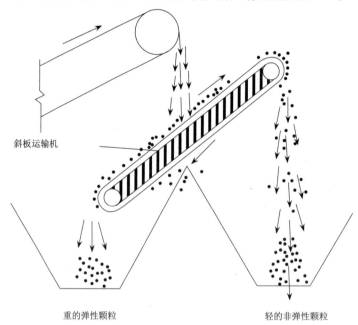

斜板运输机

重的弹性颗粒   轻的非弹性颗粒

图3-6 斜板运输分选机的工作原理示意图

反弹滚筒分选机分选系统由抛物带式输送机、回弹板、分料滚筒和产品收集仓组成,如图3-7所示。其工作过程是将城市垃圾由倾斜抛物带式输送机抛出,与回弹板碰撞,其中铁块、砖瓦、玻璃等与回弹板、分料滚筒产生弹性碰撞,被抛入重的弹性产品收集仓;而纤维废物、木屑等与回弹板产生塑性碰撞,不产生弹跳,被分料滚筒抛入轻的非弹性产品收集仓,从而实现分离。

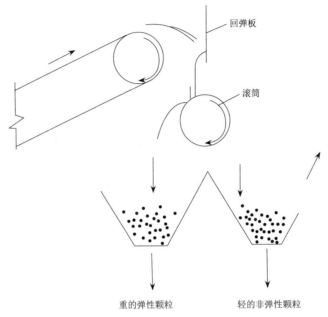

重的弹性颗粒　　　　　　轻的非弹性颗粒

图3-7　反弹滚筒分选机分选系统示意图

三、光电分选

(一)光电分选系统及工作过程

光电分选系统及工作过程包括以下三个部分。

1.给料系统

固体废物入选前,需要预先进行筛分分级,使之成为窄粒级物料,并清除废物中的粉尘,以保证信号清晰,提高分离精度。分选时,使预处理后的物料颗粒排队呈单行,逐一通过光检区受检,以保证分离效果。

2.光检系统

光检系统包括光源、透镜、光敏元件及电子系统等。这是光电分选机的心脏,因此,要求光检系统工作准确可靠,工作中要将其维护保养好,经常清洗,减少粉尘污染。

3.分离系统(执行机构)

固体废物通过光检系统后,其检测所收到的光电信号经过电子电路放大,与规定值进行比较处理,然后驱动执行机构,一般为高频气阀(频率为300 Hz),将其中一种物质从物料流中吹动,使其偏离出来,从而使物料中的不同物质得以分离。

(二)光电分选机及应用

图3-8是光电分选过程示意图。固体废物经预先窄分级后进入料斗,由振动溜槽均匀地逐个落入高速沟槽进料皮带上,在皮带上拉开一定距离并排队前进,从皮带首端抛入光检箱受检。当颗粒通过光检测区时,受光源照射,背景板显示颗粒的颜色或色调,当欲选颗粒的颜色与背景颜色不同时,反射光经光电倍增管转换为电信号(此信号随反射光的强度变化),电子电路分析该信号后,产生控制信号驱动高频气阀,喷射出压缩空气,将电子电路分析出的异色颗粒即欲选颗粒吹离原来下落轨道,加以收集。而颜色符合要求的颗粒仍按原来的轨道自由下落加以收集,从而实现分离。光电分选可用于从城市垃圾中回收橡胶、塑料、金属等物质。

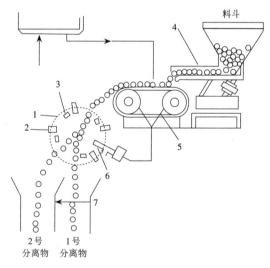

图3-8　光电分选过程示意图

1-光检箱;2-光电池;3-标准色极;4-振动溜槽;5-有高速沟槽的进料皮带;6-压缩空气喷管;7-分离板

第四章　城市垃圾填埋技术

第一节　城市垃圾填埋处置技术

一、城市垃圾填埋技术的发展

(一)20世纪80年代

在这个阶段,城市垃圾填埋一般采用自然裸露的方式,因此卫生填埋场多采用垂直防渗法来防止垃圾对周围环境的影响和污染。而垃圾填埋场在处理垃圾时,多采用微生物处理法,在堆积的垃圾形成渗滤液后,将厌氧-好氧生物作用于渗滤液中,再通过垂直帷幕灌浆防渗技术,以减小和避免填埋垃圾对地下水体的污染问题,从而达到处理垃圾的无害化。

(二)20世纪90年代

在20世纪90年代,我国全面进入改革开放,对环境保护方面更加重视,颁布了《中华人民共和国环境保护法》,全国各地区在对固体废物处置上,加大了投资,并给予了相应的政策支持。各地区开始投入资金建设城市垃圾卫生填埋场,为了使环境保护落到实处,相关城市制定了一系列行业规范,将城市垃圾填埋管理标准化、规范化。

例如,1997年建成的深圳市下坪固体废物填埋场,并没有沿用20世纪80年代的垂直防渗技术,而是采用了高密度聚乙烯膜人工水平防渗技术方法,与国际通用卫生填埋技术标准接轨。自此之后,其他经济较为发达的城市也开始在卫生填埋场的建设上采用水平防渗技术。除此之外,建设部(现住房和城乡建设部)也通过公布《生活垃圾填埋场环境监测技术标准》,从法律法规上更进一步完善垃圾填埋标准,并对各地区的生活垃圾填埋工作进行监测和技术上的指导,以确保垃圾填埋对环境的保护效果。

环境保护部(现生态环境部)在1997年出台了《生活垃圾填埋场污染控制标准》,这项标准严格控制了生活垃圾填埋场在进行填埋工作时,对周围环境可能造成的影响,真正地将环境保护落到实处。

(三)21世纪

21世纪的中国,经济发展迅猛,城市垃圾产量也与日俱增。基于现状,国家市场监督管理总局在2014年颁布《生活垃圾卫生填埋处理技术规范》,在提高生活垃圾卫生填埋场整体设计、填埋工作以及技术性水平的前提下,对垃圾填埋场环境污染、场地使用、地下水保护工作以及垃圾处置等方面予以严格标准规定。国内垃圾填埋场均引进国际先进技术,使垃圾分类、垃圾填埋、场区污染物控制、垃圾渗滤液处理、填埋气体工作得以发展和完善。

二、传统城市垃圾填埋处置技术

就我国目前城市垃圾处理情况来看,厌氧填埋是我国采用最为广泛的处置方式,这种方法是把垃圾从周围环境中独立出来,再通过长时间的厌氧发酵,使得垃圾在化学反应后稳定化与无害化。这种处置技术优点在于投资和处理的成本小,并且工艺在操作上十分简单,管理起来也很方便,对垃圾的成分无须严格挑选等。但这项工艺也有着一些缺点,具体体现在以下几点。

(一)渗滤液难于处理

渗滤液是一种高浓度有机废水(COD_{Cr}浓度可达600～700mg/L,氨氮浓度可达10g/L以上),其成分复杂(有机物近80种),水质水量变化幅度大。此外,高浓度渗滤液持续时间非常长,渗滤液的COD_{Cr}和氨氮质量浓度需要20年左右才能衰减至国家规定的排放浓度。当前我国的渗滤液处理工艺多是照搬城市污水处理工艺,由于没有充分考虑渗滤液的特点,处理效果还有待提高。迄今为止,国内外尚无技术与经济完美结合的渗滤液处理工艺[①]。

(二)填埋场稳定化时间长

垃圾最终的无害化和稳定化是建立在漫长的厌氧发酵过程中的,由

①张淑琴,张绅,李晓杰.城市垃圾渗沥液处理技术和发展探析[J].低碳世界,2020,10(02):41-42.

于厌氧填埋场的垃圾降解是一个无任何控制的自然降解过程,这就导致一般要持续10~20年,甚至更长。而在这段时间内,填埋场占用的土地资源只能用作填埋处理,很难迅速得到再次利用,同时为了确保厌氧填埋场在厌氧发酵过程中的安全和效果,也将增加大量人力物力用于管理和维护。

(三)填埋气体利用差

当厌氧发酵工作进行到生产甲烷阶段时,会产生大量甲烷气体。理想化的情况是将这些甲烷收集起来,用作清洁燃料,但由于各种条件的限制,我国一些填埋场无法将这些气体收集和利用,而是直接将其排入大气,或者作点燃处理,从而导致 CH_4 在大气中的占比增加,使得臭氧层的破坏程度加大与温室效应加剧。另外,甲烷的易燃易爆性,使填埋场需要做好十足的安全措施,否则容易引起火灾或爆炸等安全事故。

(四)填埋场选址困难

厌氧填埋技术的特殊性,导致了其在选址上有着很高的要求,地形、水文、工程地质等方面都需要达到其标准。除此之外,还要考虑运输成本的问题,需要交通较为方便、交通运输距离较短等。

由于这些条件的苛刻限制,许多国外卫生填埋场开始减少厌氧填埋场在垃圾处置中的比例,选择一些新技术来替代,如用生物反应器填埋技术、准好氧填埋技术、循环式准好氧填埋技术来弥补厌氧填埋自身的不足。

三、垃圾填埋处置新技术

(一)生物反应器填埋技术

生物反应器填埋技术(bioreactor landfill, BL)是厌氧填埋技术的新发展,其核心是通过有目的的控制手段强化微生物过程,从而加速垃圾中可降解有机组分的转化和稳定。这些控制手段包括:液体(水、渗滤液)的注入、被选覆盖层设计、营养物的添加、pH调节、温度调节等。这些调控措施为微生物提供了较好的生长环境,增强了微生物的活力,明显地提高了垃圾的降解速率,增加了降解量。

BL有以下优势:①加速了填埋场的稳定化进程,缩短了填埋场的稳定化时间,进而节约了投资和后期运行费用;②提高了填埋气体的产量和产气速率以及甲烷含量，从而增加了填埋气体的利用率；③BL较高的生物降解能力增加了填埋场的有效容积；④降低了外排渗滤液的污染强度。

虽然BL相较于传统厌氧填埋场已经有了很多优势，但其本身仍然被厌氧填埋场特性所限制，并且垃圾渗滤液即使回灌也不能完全消除，还需要通过降低氨氮含量后，才能排放。

（二）好氧填埋技术

好氧填埋技术（aerobic landfill）是通过在垃圾层底部安装通风管网，再利用鼓风机将空气从通风管向垃圾层内部输入空气，垃圾能够保持其好氧状态进行分解，最终能够快速稳定化，在时间成本上远远低于厌氧填埋技术，并且产生的渗滤液浓度低，产生的填埋气体也较少，对填埋场周围的水体与大气的污染较小，维护的成本相对来说也较低。

除此之外，在好氧填埋过程中产生的气体的主要成分不是CH_4，而是不易燃的CO_2，这就大大降低了填埋场安全事故的发生率，也不会对臭氧层造成破坏。由于好氧填埋使垃圾稳定化和无害化的时间成本很低，因此土地能够快速再次开发利用，并且容易恢复原有的生态环境，从而使得填埋场的生态系统保持着完整性。

但这并不意味着好氧填埋没有缺点，主要体现在运行期间需要向垃圾层通入空气，而垃圾堆体一般体积庞大，所需的空气量巨大，加大了鼓风机对能源的消耗，管理费用也较高。

（三）准好氧填埋技术

准好氧填埋技术（semi-aerobic landfill）的填埋场结构其实和厌氧填埋场相当类似，其渗滤液集水管的水位是不满设计，使其末端敞开于空气中。

垃圾堆体发酵产生的温差使垃圾填埋层产生负压，负压使空气从开放的集水管自然吸入垃圾层。这样垃圾填埋场的地表层、集水管附近、竖井周围成为好氧状态，进行好氧反应。在空气不能到达的填埋层中央部分等处则处于厌氧状态，进行厌氧反应。

准好氧填埋场较厌氧填埋场有以下优点：①无须强制通风，节省能源；②渗滤液的水质水量得到大大降低，从而降低了渗滤液的处理难度和处理费用。

(四)循环式准好氧填埋技术

循环式准好氧填埋技术(recycling semi-aerobic landfill)最早由日本提出,现已用于实践中。循环式准好氧填埋技术的核心是垃圾层中进入空气,由此加速填埋垃圾中有机物的好氧分解,在回灌的条件下,保证了填埋层中有充足的水分,这样既减少了渗滤液的排放量,又降低了渗滤液的污染强度。

第二节　填埋土质对垃圾污染的阻隔

一、黏性土对砷金属污染质的阻隔能力

砷以3价或5价态在岩土中存在。水溶性部分多为 AsO_4^{3-}、AsO_8^{3-} 等阴离子形式存在。在我国土壤中水溶性砷含量低于10%,但其总量都在 $1×10^{-6}$ 之内。即使可溶性砷进入土壤,也容易转化为难溶性的砷累积于土壤表层。砷向下迁移虽随土的种类而异,但一般都累积在土壤表层,向下迁移困难。在我国的一些砷污染土壤中,砷也是累积在表层的居多,随土壤垂直分布,呈递减的趋势。

有时,由于植物的吸收,或土壤表层的硫酸盐、硝酸盐、碳酸盐的作用,土中不溶性砷转化成可溶性砷从上向下迁移,累积在土壤中层。

砷在土壤中的迁移转化决定因素有两个,一是土壤具有使易溶砷转化为难溶化合物的固定能力,二是使砷的难溶化合物变成易溶化合物的能力。这些能力都与土壤中的铁、铝、钙、镁有关,同时受到土壤的pH、E_h、微生物以及磷的影响。

同时,砷可被土壤中的铁、铝、钙、镁等固定。它一方面可和土壤中的铁、铝、钙、镁等离子形成复杂的难溶性含砷化合物,另一方面可和土壤中的铁、铝等氢氧化合物产生共沉淀,以这种形式存在的砷不易发生迁移。由于铁、铝等氢氧化合物吸附砷的这种特殊作用,一般土壤对砷的吸附能力可以按这样的顺序从大到小排列:红壤、砖红壤、黄棕壤、黑土、碱土、黄土。

二、黏性土对铜金属污染质迁移的阻隔能力

(一)铜在水中的迁移转化

水中的铜既可以是溶解的形态,也可以和固体结合进行迁移。在天然水体中,铜的化合物主要以2价态的化合物和络合物的形式存在,即使有很高的铜含量,通过上述的天然净化,游离铜也能减低到很低的数量。

(二)铜在土壤中的迁移转化

铜随水进入土壤,可被土壤吸附。土壤中的腐殖酸、富里酸含有羧基、酚基、羰基等含氧基团,能和铜形成络合物而固定铜。铜与不同环境中的腐殖酸络合稳定常数顺序如下:土壤富里酸<土壤腐殖酸<泥炭富里酸<泥炭腐殖酸<沉积物富里酸<沉积物腐殖酸。一般来说,土壤中有机质含量越高,土壤吸附铜的能力就越强。土中黏土矿物含有带负电的离子,对铜有很强的吸附作用。其吸附作用与土的黏粒含量和黏土矿物的组成有关。黏粒含量越多,比表面积越大,吸附铜的强度就越大。

总之,黏性土特别是有机质或黏土矿物含量很高的土壤,对铜离子及其化合物的阻隔能力是很强的,铜污染物进入这类土中,绝大部分将滞留于1 m以上的表层土中。用黏性土作为固体垃圾填埋场的衬垫材料是比较合适的。

三、黏性土对硒金属污染质迁移的阻隔能力

硒在天然水中以0价、负2价、正4价和正6价状态存在,废水中的亚硒酸根离子,在微酸性水体中是稳定的,在酸性状态下可还原为细粒状的元素硒,在微碱性条件下可氧化成硒酸根离子。在工业中用硒并不多,水体中的硒的污染只是局部问题。在还原状态下,硫酸根离子还原成2价硫离子,铁离子还原成2价铁离子,亚硒酸离子还原成0价硒和负2价硒离子。此时,硒化合物与硫化铁共沉淀到底质中。还有亚硒酸盐可与3价铁离子反应,随着碱式亚硒酸铁的形成,产生不溶性沉淀以及与其他离子作用生成难溶性硒酸盐,都将使硒向水体底部沉淀。此外,水体底质中的黏土矿物可强烈地吸附硒化合物,黏土矿物对硒及其化合物的吸附强度依次为:氢氧化铁>氧化铁>二氧化锰>蒙脱石>伊利石>高岭石。

土中的硒以溶解度极低的亚硒酸铁形态束缚在土中,一般累积在富

铁层中,富铁土有助于结合并降低硒的活性。在碱性土壤中,$2SeO_3^{2-} + O_2 = 2SeO_4^{2-}$ 的反应很容易发生,硒氧化成易溶的硒酸,淋溶作用很容易把这样的硒从土壤中淋走,因而硒及其化合物易于在碱性土壤中迁移。换句话说,碱性土壤对硒的阻隔作用不大。

由于富含酸性有机质的土能把硒还原成亚硒酸盐或2价硒化合物而固定,所以,硒在富含有机质和腐殖质的土壤中容易富积,因而这类土对硒及其化合物的阻隔能力是较大的。在含硒垃圾的填埋处置场,采用黏性土特别是有机质和黏粒含量高的黏性土作为衬垫材料是十分有效的[1]。

四、黏性土对锌金属污染质迁移的阻隔能力

(一)锌在水中的迁移转化

锌不溶解于水,但是它的许多盐类如氯化锌、硫酸锌、硝酸锌等易溶解于水。碳酸锌与氧化锌不溶解于水。在天然水中,锌以2价离子状态形式存在。Zn^{2+}在天然水中的pH范围内都能溶解于水,生成多核羟基络合物。多数情况下,天然水中的锌以可溶的络合物的形态存在。但锌可与水中黏土矿物结合,被吸附在晶格中成为吸着离子,随黏土矿物沉积迁移到底质中。锌还可形成化学沉淀物迁移到底质中。Zn^{2+}与胡敏酸、腐殖酸发生螯合或络合作用,形成不溶物质沉淀于水底。

一般来说,水生动植物中锌的含量是水体中的锌的1000~100 000倍。在水生动植物中,鱼类、水藻、浮萍、金鱼草、凤眼莲等都具有极强的锌吸附或吸收能力。

(二)锌在黏性土中的迁移转化黏性

用含锌废水污灌时,锌以正2价态形式进入土壤,也可以离子 $Zn(OH)^+$、$ZnCl^+$、$Zn(NO_3)^+$ 等形态进入土壤。此时,它们与土中黏土矿物缔合,参与土中的代换反应,发生固定累积。有时则形成氢氧化物、碳酸盐、磷酸盐、硫酸盐和硫化物沉淀,或与土中有机质结合。因此,污灌土壤的表层构成锌的蓄积层,黏土对锌有很强的吸附力。

---

①司军.探究城市生活垃圾处理存在的问题及其对策[J].环境与发展,2020,32(03):64-65.

五、黏性土对铅金属污染质迁移的阻隔能力

(一)铅在水中的迁移转化

铅在天然水体中主要以 Pb^{2+} 状态存在,其含量和形态明显的受 CO_3^{2-}、SO_4^{2-}、OH^- 和 Cl^- 等含量的影响。

铅在天然水的流动中很容易净化,这是因为悬浮颗粒和底部沉积物对铅有强烈的吸附作用。实验证明,悬浮物和沉积物中的铁和锰的氢氧化物等吸附铅的性能最强,并且 Pb^{2+} 能与天然水中存在的 PO_4^{2-}、I^-、CrO_4^{2-} 等离子生成不溶解的化合物而沉积,致使铅的移动性小,含铅废水中的铅能够转移到排污口附近的水底沉积物中。渠道、水库对铅的自然净化作用相当明显。水库出水口的含铅量比进水口处的含铅量要低,渠道离污水口越远的地方含铅量就越低。由此可见,天然水体中铅及其化合物溶解度小,易于被其他物质螯合或络合形成不水解的物质进入水底的沉积物中,并且水对其自然净化能力很强。

(二)黏性土对铅金属污染质迁移的阻隔能力

进入土壤中的 Pb^{2+} 容易被有机质和黏土矿物所吸附。就土壤而言,对铅的吸附量有下列顺序:黑土($771.6×10^{-6}$)>褐土($770.9×10^{-6}$)>红壤($425.0×10^{-6}$)。对于黏土矿物和腐殖质而言,黏土矿物对铅的吸附以蒙脱石最高($4040×10^{-6}$),其次是伊利石($1560×10^{-6}$),高岭石($1250×10^{-6}$)最低。腐殖质的吸附强度($4400×10^{-6}$)明显高于黏土矿物。其结果证实,各类土壤对铅的吸附强度与黏土矿物的组成及有机物的含量有关。黑土和褐土含有机质分别2.94%和1.61%,红壤的有机质含量为0.77%,土壤对铅的吸附强度与有机质含量成正相关。黑土及褐土的黏土矿物组成以蒙脱石、伊利石为主;红壤以高岭土及铁铝氧化物为主;而蒙脱石和伊利石对铅的吸附强度高于高岭土。

土壤中的铅主要以 $Pb(OH)_2$、$PbCO_3$ 和 $PbSO_4$ 固体形式存在,在土壤溶液中的可溶性铅含量很低,土壤中的铅迁移性很弱。当植物生长时,根从土壤溶液中吸收 Pb^{2+} 迁移到植物体内,然后铅从固体化合物中补充土壤溶液,补充的速度决定着对植物的供给量。土壤中可溶性铅与高价铁、锰氧化物结合在一起,降低了铅的可迁移性;当土壤呈酸性时,土壤中固定的铅,尤其是 $PbCO_3$ 容易释放出来,土壤中水溶性铅含量增加,促

使铅移动。

铅在污灌区的累积分布,一般是离污染源近、污灌时间长的土中铅含量大。铅污染物主要累积在土壤的表层,因此,含有有机质或黏土矿物高、黏粒含量高的黏性土作为含铅固体垃圾填埋场的衬垫材料是合适的。

第三节　填埋场的基本构造

一、典型布置

填埋场在平面布置上,需要充分考虑地形因素,场址是位于山谷型、平地型还是坡地型,还需要考虑风向,主要是考虑夏季主导风。除此之外,还需要关注场址周围的地质条件、自然环境等方面,并且通过技术经济比较,来确定施工和作业的具体因素。

填埋场主要功能区包括填埋区、渗滤液处理区、辅助生产区、管理区等;再根据工艺要求可设置填埋气体处理区、生活垃圾机械-生物预处理区等功能区。

二、基本构造

垃圾填埋场的基本组成部分具体如下。

(一)底部防渗系统——将垃圾及随后产生的渗滤液与地下水隔离

对于一个垃圾填埋场来说,其最主要的作用,就是用作容纳垃圾,并且需要在容纳垃圾的同时,确保对周围环境不会造成污染,而这也是填埋场的难点所在。因此,在建设垃圾填埋场时必须考虑在垃圾的填埋过程中可能对周围环境造成什么样的影响。在底部方面,需要防止垃圾渗滤液向下渗漏,污染周围土壤和地下水体。城市固体废物填埋场在底部采用的衬层一般是聚乙烯、高密度聚乙烯和聚氯乙烯等不易穿透并且耐用的合成塑料,厚度一般在0.7~2.5 mm。有的填埋场还会再添加一层压实黏土作为额外衬层,并在其两侧围一层织物垫层,主要为土工织物垫层,目的是避免塑料衬层被周围的岩石或者砂砾刺破或磨损,以延长塑料衬层的寿命。

(二)填埋单元 贮存垃圾

对于垃圾填埋场来说,使用空间是制约其发展的重要因素,填埋场的容量和使用寿命都与空间息息相关,能使用的空间越多,则该垃圾填埋场的寿命越长,能处理的垃圾也越多。为了延长填埋场的使用寿命,需要将垃圾在称为填埋单元的区域内压实,在该区域内只容纳时限为一天的垃圾。

填埋场除了压缩垃圾将其作为填埋单元,还采取不接纳大体积废物的措施,如庭院废物、泡沫等,从而达到节省使用空间的目的。

(三)雨水排放系统——收集落到垃圾填埋场内的雨水

对于填埋场来说,保持干燥尤为重要,因为一旦过于湿润,会导致垃圾渗滤液的污染问题。保持填埋场干燥的措施主要有两种。

1.固体废物不含液体

将固体废物转运到填埋场前,需要利用标准涂料过滤器测试其液体含量。若测试十分钟之后未有液体流出,则可送往填埋场进行下一步处理。

2.排放雨水

这就要求填埋场设计雨水排放系统来达到排放雨水的目的。可以现在底部铺设雨水衬垫和铺排塑料排水管,把填埋场所在的区域内的雨水收集起来,统一导入周围安排的排水沟中,从而达到保持填埋场干燥的目的。

(四)渗滤液收集系统——收集通过垃圾填埋场自身渗出的含有污染物的液体

由于排水系统无法做到保持填埋场完全干燥的状态,一旦水渗透到填埋单元和土壤里,就像雨水落入沙漠一样,会被吸收。而这些被吸收的水在渗透时,会让污染物质溶解在其中,成为通常呈酸性的渗滤液。因此,在填埋场中还需要专门设置渗滤液收集系统,这就需要用到穿孔管道。在填埋场铺设穿孔管道,可以使得渗滤液被排入其中,再通过专门的渗滤液管道导入收集池中,完成渗滤液的排放,从而有效保证填埋场对土壤、地下水体不造成污染。

（五）填埋气收集系统——收集垃圾分解过程中形成的填埋气体

除了对填埋场内的液体做处理外，对填埋气体也需要关注。填埋场一般是密封形式的，因此在进行厌氧分选时，垃圾会在生物发酵作用下，产生填埋气体，主要为甲烷和二氧化碳，也会存在少量的氢气和氧气。甲烷属于易燃气体，会破坏臭氧，并有可能会导致燃烧和爆炸。出于对填埋场的安全和环境保护的考虑，必须对填埋气体做相应的处理。一般来说，也是通过安置专门性的管道来统一收集、排放或燃烧。

（六）封盖或罩盖——对垃圾填埋场顶部进行密封

填埋场的空间毕竟有限，一旦出现了填埋空间使用完毕的情况，就需要通过最终覆盖将整个填埋场或对应的填埋单元封闭。这一环节的作用主要包括以下七个方面：①降低雨水或其他由液体渗入垃圾中产生的过滤液；②可控制恶臭气体的散发，并可有效在上部收集可燃气体，确保安全和综合利用的效果；③能够将垃圾密封起来，使得蚊蝇等无法在其中繁殖，防止病原菌的传播和扩散；④能够有效确保地表径流不被污染；⑤能够有效防止水土的流失，避免土地荒漠化；⑥给垃圾稳定化创造一个较好的环境，促进填埋垃圾稳定化；⑦可在被密封的土地上重新种植植被进行美化，使得土地能够被充分地再利用，不浪费城市空间。而所有的作用归根结底，是为了保护公众的健康与环境，并使得后期的维护工作成本得到有效降低[①]。

三、填埋场的类型

（一）按场地地形分类

根据我国国情，按照地形进行划分，垃圾填埋场一般分为三大类型，分别为平地型、开挖型和山谷型：①平地型堆填。这种类型由平地填埋和挖沟填埋相互结合，但其受到天然黏土层和地下水的埋深限制，开挖深度需要与其保持一定的距离，从而保证不会造成污染。一般只做很小的开挖或者不进行开挖，在地形平坦且地下水埋藏较浅的地区最为常见。②开挖型堆填。这种方式是以平地填埋综合挖沟填埋，但这种开挖

---

①史峰雨.中国经济增长和城市生活垃圾排放脱钩关系的区域差异性研究[J].中国经贸导刊(中),2020(04):100-102.

的单位远大于挖沟填埋,所受的限制和平地型堆积一样。③山谷型堆埋,也叫谷地堆填。在这种填埋方式下,废弃物通常堆填在山谷或者起伏的丘陵之间。总的来说,在我国,一般是以第三种类型为主,第二种最少。

（二）按反应机制分类

城市垃圾卫生填埋处理和处置过程可以看作一个最大限度地利用自然循环和分解机制的过程,从这种观点出发,填埋场可以被分为好氧性填埋、准好氧性填埋和厌氧性填埋。这三种在前文中已经进行过详细地阐述,在此不再多做叙述。

（三）按规模分类

填埋场的建设规模,应根据垃圾产生量、场址自然条件、地形地貌特征、服务年限及技术、经济合理性等因素综合考虑确定。填埋场建设规模分类和日处理能力分级宜符合下列规定。

1.按填埋场建设规模分类

按照填埋场建设规模分类如下:①Ⅰ类总容量为1200万 m^3 以上;②Ⅱ类总容量为500万～1200万 m^3;③Ⅲ类总容量为200万～500万 m^3。④Ⅳ类总容量为100万～200万 m^3。

2.按填埋场建设规模日处理能力分级

按填埋场建设规模日处理能力分级如下:①Ⅰ级日处理量为1200 t以上;②Ⅱ级日处理量为500～1200 t;③Ⅲ级日处理量为200～500 t;④Ⅳ级日处理量为200 t以下。

第四节 填埋场气体的处理技术

一、填埋气体的组成与性质

垃圾填埋场可以被概化为一个生态系统,其主要输入项为垃圾和水,主要输出项为渗滤液和填埋气体,二者的产生是填埋场内生物化学和物理过程共同作用的结果。填埋场气体主要是填埋垃圾中可生物降解有机物在微生物作用下的产物,其中主要含有氨、二氧化碳、一氧化碳、氢、硫化氢、甲烷、氨和氧等。此外,还含有微量的其他气体。填埋气体的典型特征为:温度达43℃~49℃,密度比为1.02~1.06,为水蒸汽所饱和,高位热值为15 630~19 537 kJ/m³。

填埋场释放气体中的微量气体量很小,但成分却很多。国外通过对大量填埋场释放气体的取样分析,在其中发现了多达116种有机成分,其中许多可以归为挥发性有机成分(VOCₛ)。这些气体中部分可能有毒,并对公众健康构成严重威胁。近年来,国外已有许多工作致力于对填埋场微量释放气体的研究。

填埋场气体的主要成分是甲烷和二氧化碳。甲烷等气体不仅是影响环境的温室气体,而且易燃易爆。甲烷和二氧化碳等在填埋场地面上聚集过量会使人窒息。当甲烷在空气中的浓度达到5%~15%时,会发生爆炸。在填埋场内只有有限量的此类气体,故在填埋场内几乎没有发生爆炸的危险。但如果垃圾填埋场气体迁移扩散到远离场址处并与空气混合,则会形成浓度在爆炸范围内的甲烷混合气体,由于填埋气体的聚集和迁移引起的爆炸和火灾事故时有发生。填埋气体中的甲烷会增加全球温室效应,其温室效应的作用是二氧化碳的22倍。填埋气体中含有少量的有毒气体,如硫化氢、硫醇氨、苯等对人畜和植物均有害处。填埋气体还会影响地下水水质,溶于水中的二氧化碳,增加了地下水的硬度和矿物质的成分。因此,填埋气体对周围的安全始终存在着威胁,必须对填埋气体进行有效控制①。

填埋气体的热值很高,具有很高的利用价值。国内外已经对填埋气体开展了广泛的回收利用,将其收集储存和净化后用于气体发电、提供燃气、供热等。

二、填埋气体的导排方式及系统组成

填埋气体收集和导排系统的作用是减少填埋气体向大气的排放量和在地下的横向迁移,并回收利用甲烷气体。填埋场废气的导排方式一般有两种,即主动导排和被动导排。

---

①王旻烜,张佳,何皓.城市生活垃圾处理方法概述[J].环境与发展,2020,32(02):
51-52.

(一)主动导排

主动导排是在填埋场内铺设一些垂直的导气井或水平的盲沟,用管道将这些导气井和盲沟连接至抽气设备,利用抽气设备对导气井和盲沟抽气,将填埋场内产生的气体抽出来。

主动导排系统主要有以下特点:①抽气流量和负压可以随产气速率的变化进行调整,可最大限度地将填埋气体导排出来,因此气体导排效果好;②抽出的气体可直接利用,因此通常与气体利用系统连用,具有一定的经济效益;③利用机械抽气,运行成本较大。

主动气体导排系统主要由抽气井、集气管、冷凝水收集井和泵站、真空源气体处理站(回收或焚烧)以及检测设备等组成。

(二)被动导排

被动导排就是不用机械抽气设备,填埋场气体依靠自身的压力沿导排井和盲沟排向填埋场外。被动导排适用于小型填埋场和垃圾填埋深度较小的填埋场。被动导排系统的特点:①不使用机械抽气设备,因此无运行费用;②由于无机械抽气设备,只靠气体本身的压力排气,因此排气效率低,有一部分气体仍可能无序迁移;③被动导排系统排出的气体无法利用,也不利于火炬排放,只能直接排放,因此对环境的污染较大。

被动气体导排系统让气体直接排出而不使用气泵和水泵等机械手段。这个系统可以用于填埋场外部或内部。填埋场周边的排气沟和管路作为被动收集系统阻止气体通过土体侧向流动,如果地下水位较浅,排气沟可以挖至地下水位深度,然后回填透水的砾石或埋设多孔管作为被动排气的隔墙。根据填埋场的土体类型,可在排气沟外侧设置实体的透水性很小的隔墙,以增进排气沟的被动排气。如果周边地下水较深,作为一个补救方法,可用泥浆墙阻止气体流动。

被动排气设施根据设置方向分为竖向收集方式和水平收集方式两种类型。多孔收集管置于废物之上的沙砾排气层内,一般用粗砂作排气层,但有时也可用土工布和土工网的混合物代替。水平排气管与竖直提升管通过90°的弯管连接,气体经过垂直提升管排至场外。排气层的上面要覆盖一层隔离层,以使气体停留在土工膜的表面并侧向进入收集管,然后向上排入大气。排气口可以与侧向气体收集管连接,也可不连接。为防止霜冻膨胀破坏,管子要埋得足够深,要采取措施保护好排气口,以防止地表或黏土水通过管子进入废物中。为防止填埋气体直接排放对大气造成污染,在竖井上方常安装气体燃烧器,燃烧器可高出最终覆盖层数米以上,可人工或连续引燃装置点火。

被动导排系统的优点是费用较低,而且维护保养也比较简单。若将排气口与带阀门的管子连接,被动导排系统即可转变为主动导排系统。

三、填埋气各组分的净化方法

现有的填埋气净化技术都是从天然气净化工艺及传统的化工处理工艺发展而来的,按反应类型和净化剂种类分类,针对填埋气中的水、硫化氢、二氧化碳的净化技术见表4-1。

表4-1　填埋气的净化技术表

净化技术	水	硫化氢	二氧化碳
固体物理吸附	活性氧化铝	活性炭	/
	硅胶	/	/
液体物理吸收	氯化物	水洗	水洗
	乙二醇	丙烯酯	/
化学吸收	固体:生石灰、氯化钙	固体:生石灰、熟石灰	固体:生石灰
	液体:无	液体:氢氧化钠、碳酸钠、铁盐、乙醇胺、氧化还原作用	液体:氢氧化钠、碳酸钠、乙醇氨
其他	冷凝 压缩和冷凝	膜分离 微生物氧化	膜分离 分子筛

吸附和吸收是最常用的净化技术,目前已有应用实例。例如,荷兰的Tilburg填埋场运用水洗法去除二氧化碳,将操作条件控制在1 MPa下,Wijster和Nuener填埋场运用分子筛去除二氧化碳和水。但传统工艺也存在许多缺陷,成本高,效率低,废酸碱液及其他废物的再处理等问题通常通常困扰着填埋气场。

(一)脱水

填埋场气体产生于27 ℃~66 ℃的温度,水蒸汽近于饱和,压力略高于大气压力。当气体被抽吸到收集站时,由于气体在管道中温度降低,水蒸汽发生凝结,在管道内形成液体,引起气流堵塞和管道腐蚀、气体压力波动、含水量高等问题。因此,在填埋场气体输送和利用前必须脱除水分,脱水过程中还伴有二氧化碳和硫化氢的去除,通过脱水可使原来气体的热值提高。

一般采用冷凝器、沉降器、细粉分离器或过滤器等物理单元来除掉气体中的水分和颗粒。在气体输送管道中,在气体压缩机前及预期液体会凝聚的地方都备有净气器或分液槽,及时将冷凝水收集排除。填埋场气体还可通过分子筛吸附、低温冷冻、脱水剂三甘醇等进行脱水,使填埋场气体中的水分含量小于在气体输送和利用过程中的压力和温度条件下所需的露点以下。

(二)硫化氢的去除

填埋气中的硫化氢含量与填埋场的填埋物成分有关。当填埋有石膏板之类的建筑材料和硫酸盐污泥时,填埋场气体中的硫化氢会大量增加。去除硫化氢的实用技术很多,但是选用何种技术则取决于填埋场的场地条件和填埋场气体的情况,其难点是既要高效,又要花费最少。

脱硫技术主要有湿式净化工艺和吸附工艺两大类,包括催化净化法、链烷醇烷选择净化法、碱液净化法、碳吸附和海绵铁吸附法等,常用的方法是用海绵铁吸附,即将填埋场气体通过一个含有氧化铁和木屑"混合组成的海绵铁"。在潮湿的碱性条件下,硫化氢和水合氧化铁结合:

$$3H_2S + Fe_2O_3 \cdot 2H_2O \longrightarrow Fe_2S_3 + 5H_2O \tag{4-1}$$

此反应进行得很彻底,尽管反应速率随硫化铁的增加而减慢。在饱和条件下,5 kg硫化氢与9 kg水合氧化铁完全反应。将海绵铁暴露在大气中可使其再生,硫化铁转换成氧化铁和单质硫:

$$2Fe_2S_3 + 3O_2 + 3H_2O \longrightarrow Fe_2S_3 \cdot 2H_2O + 6S \tag{4-2}$$

此反应为放热反应,需控制空气流动以防海绵铁过热,油脂及其他杂质会堵塞这种多孔材料,当1 kg氧化铁吸收2.5 kg硫时,则须更换海绵铁。常用的操作参数如下:①负荷为<2.5 kg/m³·min;②氧化铁含量为1 m³海绵铁吸收材料含146 kg氧化铁;③吸收容量为1 kg氧化铁吸收2.5 kg硫;④最小更换周期为60 d;⑤最小池径为0.3 m;⑥最小深度为3 m;⑦装置最小数目为2。利用含有氢氧化铁的脱硫剂的干法脱硫,其原理与海绵铁脱硫相似,使硫化氢与氢氧化铁反应生成硫化铁:

$$2Fe(OH)_3 + 2H_2S \longrightarrow Fe_2S_3 + 6H_2O \tag{4-3}$$

在脱硫塔中填充脱硫剂,使沼气自上而下地通过脱硫塔。这时,沼气中的硫化氢被脱硫剂吸收。硫化氢的去除率为80% ~ 98%。每天从塔的下部放出少量吸收了硫化氢的脱硫剂,并从塔的上部补充再生后的脱硫剂。与硫化氢结合并从下部取出的脱硫剂,利用空气中的氧可进行自然再生。这种脱硫剂受潮后很容易潮解,所以在脱硫装置的前面应安装凝结水疏水器。为了弥补脱硫剂潮解造成的损失,应及时补充新的脱硫剂。因脱硫作用在 20 ℃ ~ 40 ℃时效果最好,所以冬季脱硫装置本身必须保温,以免温度过低,并防止其他物质通过脱硫剂时生成凝结水。

湿法脱硫是利用水洗或碱液洗涤(简称碱洗)去除硫化氢。在温度 20 ℃、压力为 101.3 kPa 的情况下,1 m³水能溶解 2.9 m³硫化氢。此方法在处理大量含硫化氢的气体时是经济的,硫化氢去除率一般为 60% ~ 85%。碱洗比水洗的效果好。其反应如式 4-4、式 4-5:

$$Na_2CO_3 + H_2S \longrightarrow NaHS + NaHCO_3 \tag{4-4}$$

$$Na_2OH + H_2S \longrightarrow NaHS + H_2O \tag{4-5}$$

碱洗后的废液可采用催化法脱硫,再生后的碱液可循环再用。碱洗液中的含碱量约为 2% ~ 3%。大型沼气工程以采用包括碱洗塔和再生塔在内的湿法脱硫系统为宜,虽然基建费用高,但是其运行费用低。经过脱硫后,沼气中的 H_2S 含量应低于 50×10^{-6}。

(三)二氧化碳的去除

为提高填埋场气体的热值及减少贮存容量,某些应用场合可能需要去除填埋场气体中的二氧化碳。二氧化碳的去除费用相当高。因此,在甲烷气需要高压储存或作为商品出售时,去除二氧化碳才是可行的。多数二氧化碳去除方法能同时去除硫化氢。二氧化碳的去除方法较多,采用最多的是水或化学溶剂的吸收法。现在所用的溶剂处理系统包括甲基乙醇胺-二乙醇胺、二甘醇胺热硫酸钾、碳酸丙烯等。也可根据分子大小和极性选择合适的分子筛,通过选择吸附去除比甲烷更易吸附的 CO_2、H_2O、H_2S。还可通过膜分离去除 CO_2,随着膜技术的迅速发展,膜分离和膜净化的混合系统可经济地去除 CO_2。

(四)N_2 和 O_2 去除

将填埋场气体转换为液化天然气时最困难的是把甲烷和 N_2 和 O_2 分离。N_2 是一种惰性气体,用化学反应技术和物理吸收技术都较难去除。目前正在开发的较先进的 N_2 去除技术,如膜渗透工艺,加压旋转吸附工艺等。迄今为止,适于商业应用的成本效益型的系统还未推出。因此,目前唯一可靠的除氮技术仍是传统的冷冻除氮。填埋场气体中的O_2在冷冻工艺中可能会形成爆炸性的混合气体。可通过向催化反应器中喷入H_2,使其产生催化反应,形成H_2O来去除。但是该系统的复杂性和整个净化工艺中的不利影响,使用催化反应去除O_2这一方法变得很不实用。

四、填埋气净化的新工艺

针对传统工艺的缺陷,近年来人们不断改进单一工艺,发展联合工艺,开发新工艺,如将化学氧化吸收和吸附工艺相结合,利用吸附剂保护催化剂,使处理效率大大增加,对低浓度硫化氢的取出具有明显优势。典型的联合工艺还有化学氧化洗涤、催化吸附等。新工艺发展最快的是生物过滤。澳大利亚、美国试验结果表明,该工艺具有操作简单、适用范围广、经济、不产生二次污染等许多优点,特别适于处理水溶性低的有机废气,已被认为是最有前途的净化工艺。以下根据回收利用方式的不同,介绍一些填埋场气体的净化方法和工艺。

(一)活性炭处理填埋气的工艺流程

外国如美国、荷兰、奥地利和德国已在使用将填埋场气体转化达到天然气质量的设备。处理后的气体可以达到天然气的质量,而且可以用在任何按照天然气设计的标准设备中而不需要进一步处理,其甲烷气体的含量为85% ~ 90%。处理工艺包括活性炭吸附和分子筛处理以及液体溶剂和水萃取两个步骤。利用活性炭吸附硫化氢和有机硫化合物的工艺已经运用了很长的时间,填埋场气体脱硫工艺是应用多孔的碘注入的活性炭作为吸附和催化的场所。在催化吸附工艺的过程中,硫化氢在有氧和活性炭催化剂的作用下被氧化成单质硫。

反应过程中产生的单质硫被吸附,而反应过程中的另外一个产物水则从活性炭的表面解析出来。在通过固定的吸附床后,剩余的硫化氢的浓度就已经相当低了。由于在反应过程中进行的是缺氧氧化,所以只能注入一定量的氧气。一般采用两个固定吸附床,以便在一个床吸附饱和后切换到另一个床吸附。

各种有机物的去除是在第二步处理过程中运用选择类型的活性炭完

成的。这种类型的活性炭用在废气治理和溶剂再生中,用以吸附烃类和卤代烃类物质。有机物被活性炭吸附,吸附能力取决于污染物的类型和数量,在实际的应用中还与操作的方式有关。

处理工艺过程的设计要基于被处理的填埋场气体中待去除物质的最低和最高浓度,还要考虑吸附平衡、解析的能量等问题。污染物负荷应在0.1%～40%变化,而且物质的沸点越高则允许的负荷就越大。

(二)碳分子筛选择压力吸附工艺

填埋场气体的预处理工艺可以提高甲烷气体的比例,比如用碳分子筛进行的选择压力吸附工艺以去除二氧化碳。

当二氧化碳被压缩到5～10 hPa时就能被吸附在碳分子筛上,少量的氮气和氧气也会积累并被去除。反向的压力则能清洗饱和的碳分子筛,这些积累的气体成分(CO_2, N_2, O_2)此时就会被释放到空气中去。还可以选择物理的或是化学的方法来清洗分子筛。例如,用化学方法清洗时可用清洗剂固定二氧化碳,用物理方法清洗时可利用压力水在10～30 hPa的条件下进行,清洗后甲烷的产量明显提高。

(三)膜法

气体渗滤是一个压力驱动的过程,气体通过膜是由于膜两侧局部压力的差异来实现的。物质通过非多孔材料膜的过程至少可以分成以下三个步骤:①膜表面气体的吸附;②溶解性气体通过膜的两侧;③在膜的另一侧,气体的脱附和蒸发。

在气体渗滤过程中混合气体的分离是根据不同气体通过膜的速率各不相同而进行的。对于填埋场气体用传统的膜材料进行分离,氮气和甲烷气体的渗透性较差,而二氧化碳、氧气、硫化氢和水蒸汽的渗透性较高。正是因为不同的渗透性,甲烷才能很容易地与二氧化碳分离。使处理后的填埋气体中CH_4含量达到96%左右。

气体净化系统的限制因素是氮气在进气中的比例。填埋场气体中的微量污染物质如氯乙烯、苯等,则由于各自性质的差异而得到不同程度的去除。无极性或极性较弱的物质一般积累在甲烷气体中,而极性物质或易极化的物质与二氧化碳有相似的渗透性能,就随二氧化碳一同被去除。

(四)生物法处理工艺

填埋场气体中散发臭味的物质一般能用生物的方法被微生物降解,这些物质是硫、氮和氧的化合物。生物降解工艺一般只用在规模较小的填埋场,这类填埋场气体的回收和利用从经济效益的角度来看是不可行的,因此可以用生物法进行有毒害物质的去除后,将气体直接排放或烧掉。

在废气的生物处理中,微生物的存在形式可分为悬浮生长系统和附着生长系统两种。悬浮生长系统即微生物及其营养物配料存在于液相中,气体中的污染物通过与悬浮液接触后转移到液相中而被微生物净化,其形式有喷淋塔、鼓泡塔等生物洗涤器。在附着生长系统中,微生物附着生长于固体介质上,废气通过由介质构成的固定床层时被吸收、吸附,最终被微生物净化,其形式有生物过速器和生物滴滤器。

在气态污染物生物净化装置中,研究最早和应用最广泛的是生物过滤器或生物滤床。生物过滤器内部填充活性填料,废气经增湿后进入生物过滤器,与填料上附着生长的生物膜接触时,废气中的污染物被微生物吸附,并氧化分解为无害的无机产物。一般有机物的最终分解产物为CO_2,有机氮先被转化为NH_3,最后转化为硝酸;硫化物最终氧化成硫酸。为了给微生物提供最佳的生长条件,使滤料保持在40%~60%的含水率是很重要的。为保证微生物所需的水分和冲洗出反应产物,需定期向生物过滤器中喷水;为调节填料内微生物生长所需的酸碱度,可向生物过滤器添加缓冲溶液。生物滤池的特点是生物相和液相都不是流动的,而且只有一个反应器,气液接触面积大,运行和启动容易,投资最省,运行费用最低。

生物过滤器采用具有生物活性的填料,通常有土壤、堆肥、泥炭、谷壳、木屑、树皮、活性炭以及其他天然有机材料,这些填料都具有多孔,适宜微生物生长且有较强的持水能力等性质。为防止填料压实保持填料层均匀和减小气流阻力,常在上述活性填料中掺入一些比表面大、孔隙率高的惰性材料,如熔岩炉渣、聚苯乙烯颗粒等。在这些填料中,堆肥是目前应用较多的材料,它是以污水处理场的污泥、城市垃圾、动物粪便等有机废物为原料,经好氧发酵得到熟化堆肥,含有大量微生物及其生长所需的有机和无机营养成分,是微生物生长繁殖最适合的场所。用堆肥作填料的生物滤池处理废气的效果非常好,但因堆肥是由可生物降解的物质组成的,因而使用寿命有限,一般运行 1 ~ 5 年后就必须更换填料。土壤中也含有大量微生物,也是常用的过滤材料,可用来处理硫化氢和硫醇。一般要经过特殊筛选,以地表沃土尤其是火山灰质腐殖土为好。也可向土壤中加入改良剂来改善土质。土壤作滤料的典型配比为:黏土 1.2%、有机腐殖土 15%、细沙土 53.9%、粗砂 29.6%,滤层厚度为 0.4 ~ 1 m。滤料的选择同时也决定了生物滤床的压力损失,泥炭滤料的压力损失一般为 200 ~ 300 Pa,而垃圾堆肥的压力损失估计为 500 ~ 1500 Pa。

生物滴滤器结构与生物过滤器相似,不同之处在于顶部设有喷淋装置,不断喷淋下的液体通过多孔填料的表面向下滴。喷淋液中通常含有微生物生长所需要的营养物质,并且由此来控制设备内的湿度和 pH。设置储水容器和液体连续循环的方法使得大多数的污染物能溶解在液体中,为实现更好的除臭效果提供了先决条件。生物滴滤器所采用的填充料也多是不能被微生物所降解的惰性材料,诸如聚丙烯小球、陶瓷、木炭、颗粒活性炭等。这为延长设备寿命以及减少压降提供了可能。

处理硫化氢铵和含卤化合物等会产生酸或碱性代谢物的恶臭气体时,生物滴滤器更容易调整 pH,因此比生物过滤反应器更能有效地处理这些恶臭物质。但生物滴滤器在装备的复杂程度上要比生物过滤器有所增加,故投资费用和运行费用也有所提高。

生物洗涤法(也称生物吸收法)是生物法净化恶臭气体的又一途径。生物洗涤器有鼓泡式和喷淋式之分。喷淋式洗涤器与生物滴滤器的结构相仿,区别在于洗涤器中的微生物主要存在于液相中,而滴滤器中的微生物主要存在于滤料介质的表面。鼓泡式的生物吸收装置则由吸收和废水处理两个互连的反应器构成。臭气首先进入吸收单元将气体通过鼓泡的方式与富含微生物的生物悬浊液相逆流接触,恶臭气体中的污染物由气相转移到液相而得到净化,净化后的废气从吸收器顶部排除。后续为生物降解单元,即将两个过程结合:惰性介质吸附单元,其内污染物质转移至液面;基于活性污泥原理的生物反应器,其内污染物质被多种微生物氧化。在实际中,也可将两个反应器合并成一个整体运行。在这类装置中采用活性炭作为填料能有效地提高污染物从气相的去除速率。这种形式适合负荷较高、污染物水溶性较大的情况,过程的控制也更为方便。生物洗涤器的污染物负荷高于生物过滤器,降低了空间需求与结构费用。运行费用低于化学洗涤法。在正常运转情况下,污染物浓度越高,其优势越明显。

(五)有机溶剂吸收法

三乙烯乙二醇系统(TDG 系统)是气体脱水广为应用的手段。这是因为乙二醇高度吸湿并具有优良的热量和化学稳定性,蒸发压力低,价格适中。在填埋气的处理中,气体被压缩或冷却,去除大部分水分,然后将气体通到三乙烯乙二醇吸收-分离塔里。游离液体在通过塔的底部时就被去除。可以将三乙烯乙二醇系统和热的碳酸钾洗涤系统结合成一次性操作,这样就可以除去 H_2O、CO_2 和 H_2S。

第五节　填埋场关键技术工艺

在日常填埋作业中,存在一些污染物释放严重、不利于填埋场稳定化和污染减量的问题,主要包括以下四点:①填埋作业面过大,可能造成恶臭污染物释放量提高;②雨污分流不彻底,增加渗滤液处理量;③垃圾堆体边坡较陡,在多雨季节有可能发生堆体滑坡,不利于推土机等机械安全作业;④钢板路基箱临时道路高低不平,不利于车辆行驶。

针对这些问题,相关部门和人员提出一套精细化的填埋作业方案,以提高填埋场的卫生水平。精细化填埋作业就是针对作业流程效率低下、作业过程污染物产生量大、作业粗糙等现象,通过实施最小作业面控制、填埋过程雨污分流、综合除臭、钢板路基箱临时道路平整等技术,以卫生填埋为核心,在填埋的各环节实现精细化作业的综合技术方案。这里针对某城市垃圾填埋场的现场作业状况,对精细化填埋作业技术进行说明[1]。

目前填埋场普遍使用的作业机械是推土机和挖掘机。这两种机械都采用履带式车轮,可以方便在垃圾堆体表面行走,同时依靠自身重力使

---

[1]刘嘉玮. 低碳视角下城市生活垃圾资源回收体系分析[J]. 资源节约与环保,2020(02):108.

垃圾压实。推土机的优点是可以从倾卸点推动3~5 t的垃圾,进行摊铺和碾压;缺点是作业半径小,车辆无法行驶在堆体边缘。挖掘机的优点是作业半径大,可以通过机械臂的转动将倾斜点的垃圾转运至其他位置,尤其是堆体边缘,而不需要移动车辆本身,可以通过挖斗向下挤压的动作使边坡垃圾初步压实;缺点是挖斗一次只能转运1 t左右的垃圾,转运量较少。也有一些填埋场采用了专用的压实机。无论是单独采用推土机或挖掘机,还是二者组合作业,都需要有一个最小作业面,以保证车辆在堆体表面安全行驶,同时保证环卫车辆能够快速倾倒垃圾,提高填埋压实的速度。填埋作业面较大,可以使倾倒的垃圾快速摊铺开,提高填埋速度,但是填埋作业面是填埋场恶臭污染物的主要来源,过大的作业面会散发出更多的恶臭气体,因此,根据每日处理的垃圾数量,可以找到一个最小的作业面面积。

一、生活垃圾填埋量与作业面积的关系

根据高标准的生活垃圾卫生填埋场的运行经验,一般每天垃圾填埋场的垃圾填埋量在500 t以下时,作业面面积为400~500 m²;每天填埋量在500~2000 t时,作业面面积为600~800 m²,填埋量与作业面面积的比值在0.8左右;每天填埋量在2000 t以上时,作业面面积在800~1000 m²,填埋量与作业面面积的比值为0.6~0.7;每天的垃圾填埋量继续增加,作业面面积不会增加更多。

某城市垃圾填埋场目前每天处理的生活垃圾数量在320 t左右。填埋场每天从4时开始填埋作业,到13时左右基本填埋完毕,下午主要进行边坡修整、倾卸区清理等,实现了生活垃圾当天产生、当天收运、当天填埋的处理过程。该生活垃圾填埋场填埋库区各填埋单元的分布如图4-1所示。

该城市垃圾填埋场分为两期填埋,一期库区已经实施中期封场,其中堆体在地平面下部有8 m,在地平面之上有12 m,堆体表层有1 m厚的黏土,表面种植有草皮。二期库区分为1#~8#八个填埋单元,每个单元的大小为50m×50m,库区深度为8 m,1#和2#单元已经填埋至地平面高度,3#单元和5#单元分别填埋了一小部分,目前垃圾全部在5#单元填埋,自西向东作业。计划在5#单元库区填埋至与地面相平后,再填埋6#单元,整体上按

照由南向北的顺序填埋。

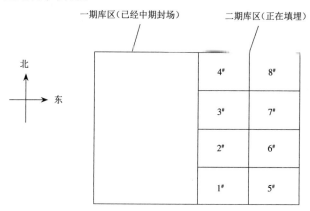

图4-1　某城市垃圾填埋场填埋库区各填埋单元分布图

填埋现场的主要问题是作业面暴露面积大,至少在 $1000 \, m^2$,一部分作业面当天没有作业任务却没有及时覆盖,还有一部分是作为备用垃圾倾卸点的,也没有及时覆盖。可以通过优化库区各填埋单元的填埋顺序,减小作业机械运动距离等措施实现最小作业面控制技术。

二、作业面最小化的填埋作业规划

垃圾填埋过程应统筹规划,分期、分区、分单元有序填埋。在填埋场施工图设计阶段和废弃物进场前,应先将填埋场分成若干区域,再根据计划分区域进行填埋,每个分区可以分成若干作业单元,每个单元通常为一天的作业量。城市垃圾分单元作业方式有利于填埋场的库容规划,实现作业面的有效控制和垃圾表面裸露部位的及时覆盖,减轻库区的恶臭污染,有利于雨污分流的实施,减少垃圾堆体渗滤液的产生量。

三、优化填埋单元的填埋顺序

由于该城市垃圾填埋场每天进场的垃圾量比较小,安排一个垃圾倾卸点和一个作业面就可以满足填埋工作的需要。按照目前的工作进度,可以优先在二期库区的5#单元进行填埋,对于3#单元已经填埋的部分,采用HDPE膜临时覆盖。

填埋作业面指每一天垃圾倾卸和摊铺所需要用到的作业面,其宽度一般是指从倾卸平台边缘至作业面边坡的宽度。对于5#填埋单元的作业面,目前的作业面是东西方向宽约20 m,南北方向长约50 m,即在长度方向上,作业面占满了5#单元的宽度,如图4-2所示。

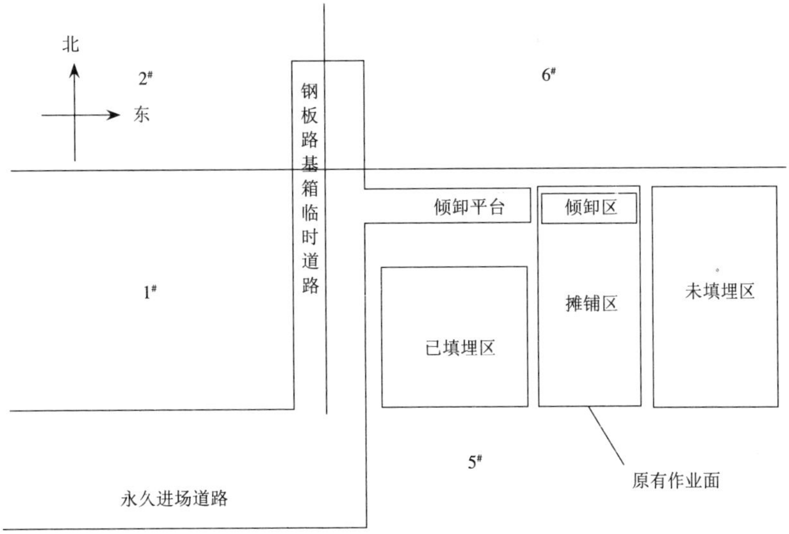

图4-2 该城市垃圾填埋作业面示意图

现场进行填埋作业的机械有推土机一辆、挖掘机一辆,但是二者不同时作业,作业面上只有一台车辆。考虑到每天填埋的垃圾量较小,而且车辆进场密度较低,只需要一台推土机或者挖掘机即可完成填埋作业。垃圾倾卸平台设置为东西方向,其高度与地平面相平。倾卸平台宽度为6 m,也即垃圾倾卸区的长度为6 m,以推土机为例,推土机长约4 m,宽约3 m,推土机在南北方向上运动,将倾卸区的垃圾推向摊铺区,摊铺区的长度为6 ~ 12 m即可满足一台推土机的行驶,这就是最小的作业面。推土机行驶不到的区域,作为临时覆盖区,覆盖HDPE膜防止恶臭气体散发。

第五章　城市垃圾焚烧技术

第一节　焚烧过程及焚烧产物

一、焚烧的基本概念

(一)燃烧

燃烧是一种剧烈的氧化反应,具有强烈的放热效应,有基态和电子激发态的自由基出现,常伴有光与热的现象,即辐射热会导致周围温度的升高。燃烧也常伴有火焰现象,而火焰又能在合适的可燃介质中自行传播。燃烧过程是一个极为复杂的综合过程。

(二)着火与熄火

着火是燃料与氧化剂由缓慢放热反应发展到由量变到质变的临界现象。从无反应向稳定的强烈放热反应状态的过渡过程为着火过程;相反,从强烈的放热反应向无反应状态的过渡是熄火过程。影响燃料着火与熄火的因素可分为化学因素和物理因素,包括燃料性质、燃料与氧化剂的成分、过剩空气系数、环境压力及温度气流速度、燃烧室尺寸等。

(三)着火条件与着火温度

如果在一定的初始条件或边界条件下,由于化学反应的剧烈加速,反应系统在某个瞬间或空间的某部分达到高温反应态(燃烧态),那么,实现这个过渡的初始条件被称为着火条件,它是化学动力参数和流体力学参数的综合函数。

容器内单位体积混合气在单位时间内反应放出的热量,简称放热速率($Q(G)$)。单位体积混合气在单位时间内向外界环境散发的热量,简称散热速率($Q(L)$)。着火的本质问题取决于放热速率$Q(G)$与散热速率$Q(L)$的相互作用及其随温度增长的程度。放热速率与温度成指数曲线关系,而散热速率与温度成线性关系。当压力(或浓度)不同时,则得如图5-1中所示的一组放热曲线[Q(G1)、Q(G2)、Q(G3)];当改变混合气的初始温度(T(初))时则得到一组平行的散热曲线[Q(L1)、Q(L2)、Q(L3)];同样,改变hF/V(h为对流换热系数,F为容器表面积,V为容器体积)时,则得到一组不同斜率的散热曲线[Q(L'1)、Q(L'2)、Q(L'3)]。直线Q(L'2)与曲线Q(G3)相切于点A。A点以前放热速率总是大于散热速率,不需要外界能量的补充,完全靠反应系统本身的能量积累自动达到A点。因此,A点将标志由低温缓慢的反应态到不可能维持这种状况的过渡,点A为着火点(热自燃点),T(a)为着火温度。

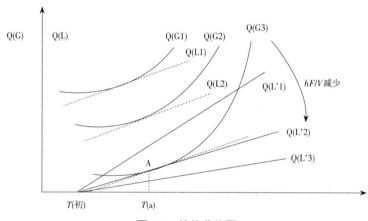

图5-1 放热曲线图

(四)热值

城市垃圾的热值是指单位质量的城市垃圾燃烧释放出来的热量,以kJ/kg(或kcal/kg)计量。热值有两种表示法,高位热值和低位热值。高位热值是指化合物在一定温度下反应到达最终产物的焓的变化。低位热值与高位热值的意义相同,只是产物的状态不同,前者水是液态,后者水是气态,所以二者之差就是水的汽化潜热。用氧弹量热计测量的是高位热值。

(五)理论燃烧温度

燃烧反应是由许多单个反应组成的复杂的化学过程。它包括氧化反应、气化反应、离解反应等,在这些单个反应中,有放热反应,也有吸热反应。当燃烧系统处于绝热状态时,反应物在经化学反应生成产物的过程中所释放的热量全部用来提高系统的温度,系统最终达到的温度称为理论燃烧温度,即绝热火焰温度。这个温度与反应产物的成分有关,也与反应物的初始温度和压力有关。

二、燃烧的基本过程

固体可燃性物质的燃烧过程通常由热分解、熔融、蒸发和化学反应等传热、传质过程组成。可燃物质因种类不同存在三种不同的燃烧方式:①蒸发燃烧。可燃固体受热熔化成液体,继而化成蒸汽,与空气扩散混合而燃烧。②分解燃烧。可燃固体首先受热分解,轻质的碳氢化合物挥发,留下固定碳及惰性物,挥发分与空气扩散混合而燃烧,固定碳的表面与空气接触进行表面燃烧。③表面燃烧。如木炭、焦炭等可燃固体受热后不发生熔化、蒸发和分解等,而是在固体表面与空气反应进行燃烧。

城市垃圾中的可燃组分种类复杂,因此固体废物的燃烧过程是蒸发燃烧、分解燃烧和表面燃烧的综合过程。根据固体废物在焚烧炉的实际焚烧过程,将固体废物的焚烧过程划分依次分为干燥、热分解和燃烧三个过程。

三、影响燃烧过程的因素

影响城市垃圾焚烧过程的因素主要包括城市垃圾的性质、停留时间、温度、湍流度、空气过量系数。其中,停留时间、温度及湍流度和空气过量系数称为"3T+1E",是焚烧炉设计和运行的主要控制参数。

(一)固体废物的性质

城市垃圾的热值成分组成和颗粒粒度等是影响城市垃圾焚烧的主要因素。固体废物的热值越高,焚烧释放的热能越高,焚烧就越容易启动。城市垃圾的粒度越小,城市垃圾与周围氧气的接触面积也就越大,焚烧过程中的传热及传质效果越好,燃烧越完全。因此,在城市垃圾焚烧前,应进行破碎预处理,固体废物的水分过高,导致干燥时间过长,着火困难,影响燃烧速率,不易达到完全燃烧。

(二)停留时间

城市垃圾的焚烧是气相燃烧和非均相燃烧的混合过程,因此城市垃圾在炉中的停留时间必须大于理论上固体废物干燥、热分解及固定碳组分完全燃烧所需的总时间。同时,还需满足固体废物的充分挥发,使其在燃烧室中有足够的停留时间以保证达到完全燃烧。虽然停留时间越长焚烧效果越好,但停留时间过长也会使焚烧炉的处理量减少,焚烧炉的建设费用加大。

(三)温度

温度是指城市垃圾焚烧所能达到的最高焚烧温度,一般来说位于城市垃圾层上方并靠近燃烧火焰的区域内的温度最高,可达850 ℃ ~ 1000 ℃。焚烧温度越高,燃烧越充分,二噁英之类的污染物质的去除也就越彻底。

停留时间和温度的乘积又可称为可燃组分的高温暴露。在满足最低高温暴露条件下,可以通过提高焚烧温度缩短停留时间;在燃烧温度较低的情况下,可以通过延长停留时间来达到可燃组分的完全燃烧。

(四)湍流度

湍流度是表征城市垃圾和空气混合程度的指标。在城市垃圾焚烧过程中,当焚烧炉一定时,可以通过提高助燃空气量来提高焚烧炉中的流场湍流度,改善传质与传热效果。

(五)过量空气系数

在焚烧室中,固体废物颗粒很难与空气形成理想混合物,因此为了保证垃圾燃烧完全,实际空气供给量要明显高于理论空气需要量。实际空气量与理论空气量之比值为过量空气系数。但是如果助燃过量空气系数太高,则会导致炉温降低,影响固体废物的焚烧效果。

综上所述,不难发现以上3T+1E因素相互依赖、相互制约,构成一个有机系统。任何一个因素的波动,都会产生"牵一发而动全身"的效果。因此必须从系统的角度来控制和选择以上运行参数。

(六)"3T+1E"参数的关系

在焚烧系统中,焚烧温度、搅拌混合程度、气体停留时间和过量空气率是相互依赖、相互制约的,构成一个有机系统,必须从系统的角度来控制和选择以上运行参数。

气体停留时间由燃烧室几何形状、供应助燃空气速率及废气产率决定。过量空气率由进料速率及助燃空气供应速率决定。而助燃空气供应量也将直接影响到燃烧室中的温度和流场混合（紊流）程度，燃烧温度则影响垃圾焚烧的效率。

焚烧温度和废物在炉内的停留时间有密切关系。若停留时间短，则要求较高的焚烧温度；停留时间长，则可采用略低的焚烧温度。设计时不宜采用提高焚烧温度的办法来缩短停留时间，而应从技术、经济角度确定焚烧温度，并通过试验确定所需的停留时间。同样，也不宜片面地以延长停留时间而达到降低焚烧温度的目的，这不仅使炉体结构庞大，增加炉子占地面积和建造费用，甚至会使炉温不够，使废物焚烧不完全[①]。

四、焚烧的产物

（一）完全燃烧的产物

废物焚烧时既发生了物料分子转化的化学过程，也发生了以各种传递为主的物理过程。大部分废物及辅助燃料的成分非常复杂，一般仅要求提供主要元素的分析结果，其燃烧产物通常为：①有机碳的焚烧产物是二氧化碳气体。②有机物中的氢的焚烧产物是水。若有氟或氯存在，也可能有它们的氢化物生成。③有机氮化物的焚烧产物主要是气态的氮，也有少量的氮氧化物生成。由于高温时空气中氧和氮也可结合生成一氧化氮，相对于空气中的氮含量来说，城市垃圾中氮元素含量很少，一般可以忽略不计。④城市垃圾中的有机硫和有机磷，在焚烧过程中生成二氧化硫或三氧化硫、五氧化二磷。⑤有机氟化物的焚烧产物是氟化氢。若体系中氢的量不足以与所有的氟结合生成氟化氢，可能出现四氟化碳或二氟氧碳；若有金属元素存在，可与氟结合生成金属氟化物。添加辅助燃料（CH_4等）增加氢元素，可以防止四氟化碳或二氟氧碳的生成。⑥有机氯化物的焚烧产物是氯化氢。当体系中氢的量不足时，会有游离的氯气产生。⑦有机溴化物和碘化物焚烧后生成溴化氢及少量溴气以及元素碘。⑧根据焚烧元素的种类和焚烧温度，金属在焚烧后可生成卤化物、硫酸盐、磷酸盐、碳酸盐、氧化物和氢氧化物等。

---

①徐金妹,陈毅忠. 城市生活垃圾焚烧发电厂渗滤液处理技术及展望[J]. 科技经济导刊,2019,27(23):92-93+97.

(二)燃烧过程中污染物的产生

固体废物的完全燃烧反应只是理想状态,实际的燃烧过程非常复杂,最终的反应产物未必只是 CO_2、HCl、N_2、SO_2 与 H_2O。在实际燃烧过程中,只能通过控制 3T+1E 因素,使燃烧反应接近完全燃烧。若燃烧情况控制不良,废物在焚烧过程中会产生大量的酸性气体、碳烟、CO、未完全燃烧有机组分、粉尘、灰渣等物质,甚至可能产生有毒气体,包括二噁英、多环碳氢化合物(PAH)和醛类等。因此有必要对固体废物的燃烧污染产物的产生和控制原理进行深入研究。

1.粉尘的产生和特性

焚烧烟气中的粉尘可以分为无机烟尘和有机烟尘两部分,主要是垃圾焚烧过程中由于物理原因和热化学反应产生的微小颗粒物质。其中,无机烟尘主要来自固体废物中的灰分,而有机烟尘主要是由灰分包裹固定炭粒形成。垃圾焚烧设施的粉尘比较轻,而且由于碱性成分多,有一定的黏性,微小粒径的粉尘含有重金属。

2.烟气的产生与特性

烟囱部位的烟气成分含量与垃圾组成、燃烧方式、烟气处理设备有关,垃圾焚烧产生的烟气与其他燃料燃烧所产生的烟气在组成上相差较大。同其他烟气相比,垃圾焚烧烟气的特点是 HCi 和 O_2 浓度特别高,粉尘中的盐分(氯化物和硫酸盐)特别高。

3.炉渣、飞灰的产生和特性

在焚烧过程中产生的灰渣(包括炉渣和飞灰)一般为无机物质,它们主要是金属的氧化物、氢氧化物和碳酸盐、硫酸盐、磷酸盐以及硅酸盐。大量的灰渣特别是其中含有重金属化合物的灰渣,对环境会造成很大危害。炉渣、飞灰的产生和特性如表5-1所示。

表5-1 炉渣、飞灰的产生和特性表

项目	产生机理与性状	产生量(干重)	重金属浓度	溶出特性
炉渣	Cd、Hg等低沸点金属都成为粉尘,其他金属、碱性成分也有一部分气化,冷却凝结成为炉渣。炉渣由不燃物、可燃物灰分和未燃物灰分组成	混合收集时湿垃圾量的10%~15%;不可燃物分类收集时湿垃圾量的5%~10%	除尘器飞灰浓度的 $\frac{1}{2} \sim \frac{1}{100}$	分类收集或燃烧不充分时,Pb^{2+}、Cr^{6+}可能会溶出成为COD、BOD

项目	产生机理与性状	产生量(干重)	重金属浓度	溶出特性
除尘器飞灰	除尘器飞灰以钠盐、钾盐、磷酸盐、重金属为多	湿垃圾质量的0.5%～1%	Pb、Zn:1 000～3 000;Cd:20～40 mg/kg;Cr:200～500 mg/kg;Hg:110 mg/kg	Pb、Zn、Cd挥发性重金属含量高。pH高时,Pb溶出;中性时,Cd溶出
锅炉飞灰	锅炉飞灰的粒径比较大(主要是沙土),锅炉室内用重力或惯性力可以去除	与除尘器飞灰量相当	浓度介于炉渣与除尘器飞灰之间	

4.恶臭的产生

在垃圾燃烧过程中,常会产生恶臭。恶臭物质也是未完全燃烧的有机物,多为有机硫化物或氮化物,它们刺激人的嗅觉器官,引起人们厌恶或不愉快,有些物质亦可损害人体健康。恶臭物质浓度与臭气强度密切相关。

5.白烟的形成

在垃圾焚烧过程中,如果燃烧非常完全,烟囱冒出的烟应该是肉眼看不见的。但是,水蒸气、粉尘等会形成白烟。

烟囱出口的燃烧烟气中含粉尘(标态)0.1 g/m³以上,可以用肉眼看见有色烟尘;含粉尘0.1～0.01 g/m³,能隐约看到烟尘;含粉尘0.1 g/m³以下,肉眼看不出有灰尘。同样浓度的烟尘,烟尘粒径越小,肉眼越难看见。微小烟尘会成为白烟的核,理论上含粉尘0.1 g/m³以下也能看到有色烟尘。

烟气中的水蒸气含量一般为23%左右(洗烟处理后,含量为30%左右)。水蒸气从烟囱排出数米,由于透过率大,看不出有烟尘。随后,由于大气的冷却作用,烟气中的水分进入饱和状态,水分凝聚后形成白烟,微小颗粒和离子会使白烟更浓。

第二节　焚烧过程平衡分析

一、物质平衡分析

    城市垃圾在进行焚烧时,需要输入的物料包含很多种,主要为城市垃圾、空气、用于净化烟气的物质和大量的水。城市垃圾在焚烧时,有机物与空气中的氧气发生化学反应生成二氧化碳进入烟气,并生成部分水蒸气;垃圾中所含的水分吸收热量后气化变为烟气的一部分,其中的不可燃物(无机物)以炉渣形式从系统内排出。进入系统内的空气经过燃烧反应后,其未参与反应的剩余部分和反应过程中生成的二氧化碳、水蒸气气态污染物以及细小的固体颗粒物(飞灰)组成烟气排至后续的烟气净化系统。进入系统内的化学物质与烟气中的污染物发生化学反应后,大部分变为飞灰排出系统,而净化后的烟气则从烟囱排入大气。

    焚烧系统物料的输入与输出如图5-2所示。

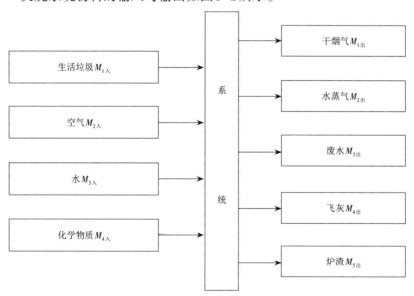

图5-2　焚烧系统物料的输入与输出示意图

根据质量守恒定律,输入的物料质量应等于输出的物料质量,即:

$$M_{1入} + M_{2入} + M_{3入} + M_{4入} = M_{1出} + M_{2出} + M_{3出} + M_{4出} + M_{5出} \quad (5-1)$$

式中:$M_{1入}$为进入焚烧系统的城市垃圾量,kg/d;

$\quad$ $M_{2入}$为焚烧系统的实际供给空气量,kg/d;

$\quad$ $M_{3入}$为焚烧系统的用水量,kg/d;

$\quad$ $M_{4入}$为烟气净化系统所需的化学物质的量,kg/d;

$\quad$ $M_{1出}$为排出焚烧系统的干蒸汽量,kg/d;

$\quad$ $M_{2出}$为排出焚烧系统的水蒸汽量,kg/d;

$\quad$ $M_{3出}$为排出焚烧系统的废水量,kg/d;

$\quad$ $M_{4出}$为排出焚烧系统的飞灰量,kg/d;

$\quad$ $M_{5出}$为排出焚烧系统的炉渣量,kg/d。

一般情况下,焚烧系统的物料输入量以城市垃圾、空气和水为主。输出量则以干烟气、水蒸汽及炉渣为主。

二、热平衡分析

如果我们站在能量转换的角度来看待热平衡,可以将焚烧系统当作一个用于能量转换的机器,能够将燃烧垃圾所产生的化学能转化为烟气的热能,而这些热能再通过热传导,排放到大气中。焚烧系统热量的输入与输出可用图5-3简单表示。

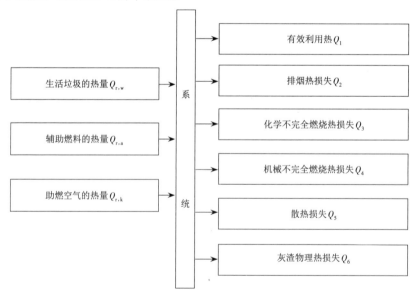

图5-3　焚烧系统热量的输入与输出示意图

在稳定工况条件下,焚烧系统输入和输出的热量是平衡的,即

$$Q_{r,w} + Q_{r,a} + Q_{r,k} = Q_1 + Q_2 + Q_3 + Q_4 + Q_5 + Q_6 \qquad (5\text{-}2)$$

式中：$Q_{r,w}$为城市垃圾的热量，kJ/h；

$\quad Q_{r,a}$为辅助燃料的热量，kJ/h；

$\quad Q_{r,k}$为助燃空气的热量，kJ/h；

$\quad Q_1$为有效利用热，kJ/h；

$\quad Q_2$为排烟热损失，kJ/h；

$\quad Q_3$为化学不完全燃烧热损失，kJ/h；

$\quad Q_4$为机械不完全燃烧热损失，kJ/h；

$\quad Q_5$为散热损失，kJ/h；

$\quad Q_6$为灰渣物理热损失，kJ/h。

（一）输入热量

输入热量有以下几个方面。

1.城市垃圾的热量$Q_{r,w}$

在不计垃圾的物理显热情况下，$Q_{r,w}$等于送入炉内的垃圾量W_r，(kg/h)与其热值Q_{dw}^y(kJ/kg水分)的乘积。

2.辅助燃料的热量$Q_{r,a}$

辅助燃料的热量为辅助燃料量与辅助燃料热值的乘积。需要注意的是，若辅助燃料只是在启动点火或焚烧炉工况不正常时才投入，则辅助燃料的输入热量不必计入。只有在运行过程中需维持高温，一直需要添加辅助燃料帮助焚烧时才计入。

3.助燃空气热量$Q_{r,k}$

按入炉垃圾量乘以送入空气量的热焓计

$$Q_{rk} = W_r \beta (I_{rk}^0 - I_{vk}^0) \qquad (5\text{-}3)$$

式中：β为送入炉内空气的过剩空气系数；

$\quad I_{rk}^0$、I_{vk}^0分别为随1 kg垃圾入炉的理论空气量在热风和自然状态下的焓值，kJ/kg。

以上助燃空气热量只有用外部热源加热空气时才能计入。若助燃空气的加热是焚烧炉本身的烟气热量，则该热量实际上是焚烧炉内部的热量循环，不能作为输入炉内的热量。对采用自然状态的空气助燃，此项为零。

(二)输出热量

1.有效利用热 Q_1

有效利用热是其他工质被焚烧炉产生的热烟气加热时所获得的热量。一般被加热的工质是水,它可产生蒸汽或热水。

2.排烟热损失 Q_2

由焚烧炉排出烟气所带走的热量,其值为排烟容积(标准状态下)与烟气单位容积的热容之积。

3.化学不完全燃烧热损失 Q_3

由于炉温低、送风量不足或混合不良等导致烟气成分中的一些可燃气体(如 CO、H_2、CH_4 等)未燃烧所引起的热损失即为化学不完全燃烧热损失。

4.机械不完全燃烧热损失 Q_4

这是由垃圾中未燃烧或未完全燃烧的固定碳所引起的热损失。

5.散热损失 Q_5

散热损失为因焚烧炉表面向四周空间辐射和对流所引起的热量损失。其值与焚烧炉的保温性能和焚烧炉焚烧量及比表面积有关。焚烧量越小,比表面积越大,散热损失越大;焚烧量越大,比表面积越小,其值越小。

6.灰渣物理热损失 Q_6

垃圾焚烧所产生炉渣的物理显热即为灰渣物理热损失。若垃圾为高灰分、排渣方式为液态排渣、焚烧炉为纯氧热解炉,则灰渣物理热损失不可忽略。

三、固体废物热值的利用

对于固体废物热值,上述的公式得到的一般是理想中的数值,但在实际情况中,并不是如此,真实数值可能会比理想数值低得多。因为,在焚烧过程中,会因各种因素导致热损失,例如空气的对流辐射、可燃组分的不完全燃烧、炉渣飞灰和烟气的显热。因此,我们需要将这部分损失的热量减去,才是真实的热值数据。

城市垃圾焚烧的热值的利用主要集中在两个方面,一个是供热,另一个是发电。用于发电的系统一般为蒸汽锅炉—蒸汽透平—发电机联合系统,用于供热的系统一般为焚烧炉—废热锅炉系统[1]。

通常而言,焚烧炉—废热锅炉的典型热效率是63%,而蒸汽锅炉—蒸汽透平—发电机联合系统仅有30%,有效热值其实并不高,多用于废热锅炉产生蒸汽或热水回收利用。

四、主要焚烧参数计算

焚烧炉质能平衡计算,是根据废物的处理量、物化特性,确定所需的助燃空气量、燃烧烟气产生量及其组成以及炉温等主要参数,是后续炉体大小、尺寸、送风机、燃烧器、耐火材料等附属设备设计参考的依据。

(一)燃烧所需空气量

1.理论燃烧空气量

理论燃烧空气量是指废物(或燃料)完全燃烧时,所需要的最低空气量,一般以 A_0(m³/kg)来表示。假设 1 kg 液体或固体废物中的碳、氢、氧、硫、氮、灰分以及水分的质量分别以 C、H、O、S、N、A_{sh} 及 W 来表示,则理论空气量如下。

(1)体积基准

$$A_0 = \frac{1}{0.21}\left[1.867C + 5.6\left(H - \frac{O}{8}\right) + 0.7S\right] \qquad (5-4)$$

(2)质量基准

$$A_0 = \frac{1}{0.231}(2.67C + 8H - O + S) \qquad (5-5)$$

式中: $\left(H - \dfrac{O}{8}\right)$ 称为有效氢。因为燃料中的氧是以结合水的状态存在,在燃烧中无法利用这些与氧结合成水的氢,故需要将其从全氢中减去。

2.实际需要燃烧空气量

实际需要燃烧空气量 A 为

$$A = mA_0 \qquad (5-6)$$

---

①朱娇娇,陈荔,吴建俊. 城市生活垃圾处理设施多目标优化选址研究[J]. 科技和产业,2020,20(02):131-13.

（二）焚烧烟气量及组成

1.烟气产生量

假定废物以理论空气量完全燃烧时的燃烧烟气量称为理论烟气产生量。如果废物组成已知，以 C、H、O、S、N、Cl、W 表示单位废物中碳、氢、氧、硫、氮、氯和水分的质量比，则理论燃烧湿基烟气量 G_0 为

$$G_0\left(m^3/kg\right) = 0.79A_0 + 1.867C + 0.7S + 0.631Cl + 0.8N + 11.2H' + 1.244W \quad （5-7）$$

或

$$G_0\left(m^3/kg\right) = 0.77A_0 + 3.67C + 2S + 1.03Cl + N + 9H' + W \quad （5-7）$$

而理论燃烧干基烟气量为

$$G'_0\left(m^3/kg\right) = 0.79A_0 + 1.867C + 0.7S + 0.631Cl + 0.8N \quad （5-9）$$

或

$$G'_0\left(m^3/kg\right) = 0.79A_0 + 3.67C + 2S + 1.03Cl + N \quad （5-10）$$

将实际焚烧烟气量的潮湿气体和干燥气体分别以 G 和 G′ 来表示，其相互关系可用下式表示

$$G = G_0 + (m - 1)A_0 \quad （5-11）$$

$$G' = G'_0(m - 1)A_0 \quad （5-12）$$

2.烟气组成

固体或液体废物燃烧烟气组成，可依表5-2所示方法计算。

表5-2　焚烧干、湿烟气百分组成计算表

组成	体积百分组成		质量百分组成	
	湿烟气	干烟气	湿烟气	干烟气
CO_2	$1.867C/G$	$1.867C/G'$	$3.67C/G$	$3.67C/G'$
SO_2	$0.7S/G$	$0.7S/G'$	$2S/G$	$2S/G'$
HCl	$0.631Cl/G$	$0.631Cl/G'$	$1.03Cl/G$	$1.03Cl/G'$
O_2	$0.21(m-1)A_0/G$	$0.21(m-1)A_0/G'$	$0.23(m-1)A_0/G$	$0.23(m-1)A_0/G'$
N_2	$(0.8N+0.79mA_0)/G$	$(0.8N+0.79mA_0)/G'$	$(N+0.77mA_0)/G$	$(N+0.77mA_0)/G'$
H_2O	$(11.2H'+1.244W)/G$	/	$(9H'+W)/G$	/

（三）热值计算

城市垃圾的热值指单位质量的城市垃圾燃烧释放出来的热量，以

kJ/kg 计。

热值的大小可用来判断固体废物的可燃性和能量回收潜力。通常要维持燃烧,就要求其燃烧释放出来的热量足以提供加热垃圾到达燃烧温度所需要的热量和发生燃烧反应所必需的活化能;否则,便要添加辅助燃料才能维持燃烧。有害废物焚烧,一般需要热值为 18 600 kJ/kg。

热值有两种表示法,高位热值和低位热值。将高位热值转变成低位热值可通过下式计算

$$LHV = HHV - 2420 \left[H_2O + 9 \left(H - \frac{Cl}{35.5} - \frac{F}{19} \right) \right]$$ （5-13）

式中:LHV 为低位热值,kJ/kg;

HHV 为高位热值,kJ/kg;

H_2O 为焚烧产物中水的质量百分率,%;

H、Cl、F 分别为废物中氢、氯、氟含量的质量百分率,%。

若废物的元素组成已知,则可利用 Dulong 方程式近似计算出低位热值:

$$LHV = 2.32 \left[14000m_C + 45000 \left(m_H - m_O/8 \right) - 760m_\alpha + 4500m_S \right]$$ （5-14）

式中:m_C、m_H、m_O、m_α、m_S 分别代表碳、氢、氧、氯和硫的质量。

干基热值是废物不包括含水分部分的实际发热量。

干基热值与高位热值的关系如下

$$H_d = \frac{HHV}{1 - W}$$ （5-15）

式中:W 为废物水分含量;

H 为干基发热量,kJ/kg。

（四）废气停留时间

所谓废气停留时间是指燃烧所生成的废气在燃烧室内与空气接触的时间,通常表示如下

$$\theta = \int_0^v \mathrm{d}V/Q$$ （5-16）

式中:θ 为气体平均停留时间,s;

V 为燃烧室内容积,m³;

Q 为气体的炉温状况下的风,m³/s。

按照化学动力学理论,假设焚烧反应为一级反应,则其反应动力学方程可用下式表示

$$dC/dt = -kC \tag{5-17}$$

在时间从 $0 \to t$,浓度从 $C_{A_0} \to C_A$ 变化范围内积分,则停留时间 t 为

$$t = -\frac{1}{k}\ln\left(\frac{C_A}{C_{A_0}}\right) \tag{5-18}$$

式中:C_{A_0} 为 A 组分初始浓度,g/mol;

C_A 为 A 组分经时间 t 后的浓度,g/mol;

t 为反应时间;

k 为反应速率常数,是温度的函数,s^{-1}。

(五)燃烧室容积热负荷

在正常运转下,燃烧室单位容积在单位时间内所承受的由垃圾及辅助燃料所产生的低位发热量,称为燃烧室容积热负荷(Q_v),单位为 $kJ/(m^3 \cdot h)$。

$$Q_v = \frac{F_f \times LHV_f + F_w \times \left[LHV_w + AC_{pa}(t_a - t_0)\right]}{V} \tag{5-19}$$

式中:F_f 为辅助燃油消耗量,kg/h;

LHV_f 为辅助燃料的低位热值,kJ/kg;

F_w 为单位时间的废物焚烧量,kg/h;

LHV_w 为大废物的低位热值,kJ/kg;

A 为实际供给每单位辅助燃料与废物的平均助燃空气量,kg/kg;

C_{pa} 为空气的平均质量定压热容,$kJ/(kg \cdot K)$;

t_a 为空气的预热温度,℃;

t_0 为大气温度,℃;

V 为燃烧室容积,m^3。

(六)焚烧温度

对单一燃料的燃烧,可以根据化学反应式及各物种的定压比热,借助精细的化学反应平衡方程组推求各生成物在平衡时的温度及浓度。但是固体废物的组成复杂,故工程上多采用较简便的经验法或半经验法计

算燃烧温度。

若温度为25 ℃,许多烃类化合物燃烧产生净热值为4.18 kJ时,约需理论空气量$1.5×10^{-3}$ kg,则废物燃烧所需理论空气量A_0(kg)可计算如下

$$A_0 = 1.5 × 10^{-3} LHV/4.18 = 3.59 × 10^{-4}LHV \qquad (5-20)$$

实际供应空气量A(kg):

$$A = (1 + EA) A_0 \qquad (5-21)$$

式中:EA——过剩空气率。

以废物及辅助燃料混合物1 kg作为基准,固体废物的主要燃烧产物为CO_2、H_2O、O_2、N_2,根据质量守恒定律,烟气质量为(1+A) kg,烟气在16~1100 ℃范围内的近似质量热容C_p为1.254 kJ/(kg·K),则近似的绝热火焰温度T(℃)可用下式计算:

$$LHV = (1 + A)C_p(T - 25) \qquad (5-22)$$

得

$$LHV = \left[1 + (1 + EA)A_0\right]C_p(T - 25) \qquad (5-23)$$

$$T = \frac{LHV}{\left[1 + (1 + EA)A_0\right]C_p} + 25$$

$$(5-24)$$

式中:LHV为废物及辅助燃料的低位热值,kJ/kg;

EA为过剩空气率;

A_0为废物燃烧所需理论空气量,kg;

C_p为烟气在16~1100 ℃范围内的近似质量热容,1.254 kJ/(kg·K)。

第三节 城市垃圾焚烧工艺

一、炉排型焚烧炉焚烧工艺

在全世界垃圾焚烧市场的总量上,炉排型焚烧炉的应用占比为80%以上,这是因为这种焚烧炉的技术成熟,并且在运行上十分稳定和可靠,可大范围使用,受到的限制很小,能够使得绝大多数的城市固体垃圾在

未经任何预处理的情况下，直接进行焚烧。因此，它特别适合大规模的集中处理。不过，这种焚烧炉也有缺点，那就是应当使用高级耐热合金钢做材料，机器一旦出现故障，那么维修的成本比较高，并且对于含水率很高的污泥的处理并不适用。除此之外，在体积较大的城市垃圾的处理上也有很大的局限性。下面就炉排型焚烧炉垃圾燃烧的工艺特点进行阐述。

(一)燃烧温度

垃圾的燃烧温度是指垃圾中的可燃物质和有毒害物质在高温下完全分解，直至被破坏所需要达到的合理温度。通常来讲，该温度范围为800 ℃ ~ 1000 ℃。

(二)垃圾燃烧过程

城市垃圾在炉排上的焚烧过程大致可分为三个阶段。

第一阶段，垃圾干燥脱水、烘烤着火。针对我国目前高水分、低热值垃圾的焚烧，这一阶段必不可少。一般为了缩短垃圾水分的干燥和烘烤时间，该炉排区域的一次进风均需经过加热(可用高温烟气或废蒸汽对进炉空气进行加热)，温度在200 ℃左右。

第二阶段，高温燃烧。通常炉排上的垃圾用900 ℃左右的温度燃烧，因此炉排区域的进风温度必须相应低些，以免过高的温度损害炉排，缩短使用寿命。

第三阶段，燃尽。垃圾经完全燃烧后变成灰渣，在此阶段温度逐渐降低，炉渣被排出炉外。

(三)炉内停留时间

城市垃圾在炉内停留的时间有两个方面的含义，一方面，指的是城市垃圾从进炉到排出所停留的时间，这一时间长度受到垃圾的组成、热值和含水率等的影响，通常为1 ~ 1.5 s；另一方面，指的是城市垃圾焚烧时产生的有毒有害烟气在炉内进一步氧化燃烧，使有害物质变为无害物质所需的时间，该停留时间是决定炉体尺寸的重要依据。一般来说，在850 ℃以上的温度区域停留2 s，便能满足垃圾焚烧的工艺需要。

(四)炉排型焚烧炉分类

按照划分标准的不同，炉排型焚烧炉的分类也不同。从炉排功能上划分,可分为干燥炉排、点燃炉排、组合炉排和燃烧炉排;从结构形式上进行划分,则可分为移动式、往复式、摇摆式、翻转式和辊式等。炉排型焚烧炉的特点是能直接焚烧城市垃圾,不必预先进行分选或破碎。其焚烧过程如下:垃圾落入炉排后,被吹入炉排的热风烘干;与此同时,吸收燃烧气体的辐射热,使水分蒸发;干燥后的垃圾逐步点燃,运行中将可燃物质燃尽;其灰分与其他不可燃物质一起排出炉外。到目前为止,炉排已广泛应用于城市垃圾处理中,主要包括如下类型。

1.移动式(又称链条式)炉排

通常使用持续移动的传送带式装置。点燃后,垃圾通过调节填料炉排的速度可控制垃圾的干燥和点燃时间。点燃的垃圾在移动翻转过程中完成燃烧,炉排燃烧的速度可根据垃圾组分性质及其焚烧特性进行调整。

2.往复式炉排

由交错排列在一起的固定炉排和活动炉排组成,它以推移形式使燃烧床始终处于运动状态。炉排有顺推和逆推两种方式,马丁式焚烧炉的炉排即为一种典型的逆推往复式炉排,这种炉排适合处理不同组分的低热值城市垃圾。

3.摇摆式炉排

由一系列块形炉排有规律地横排在炉体中。操作时,炉排有次序地上下摇动,使物料运动。相邻两炉排在摇摆时相对起落,从而起到搅拌和推动垃圾的作用,完成燃烧过程。

4.翻转式炉排

由各种弓形炉条构成。炉条以间隔的摇动使垃圾物料向前推移,并在推移过程中得以翻转和拨动。这种炉排适合轻质燃料的焚烧。

5.回推式炉排

是一种倾斜的来回运动的炉排系统。垃圾在炉排上来回运动,始终交错处于运动和松散状态,由于回推形式可使下部物料燃烧,适合低热值垃圾的燃烧。

6.辊式炉排

它由高低排列的水平辊组合而成,垃圾通过被动的轴子输入,在向前推动的过程中完成烘干、点火、燃烧等过程。

二、流化床焚烧炉焚烧工艺

这种焚烧炉可处理的垃圾范围广,基本上任何垃圾都能进行处理。除此之外,还有一个最大的优点,就是能够将有害物质彻底破坏,将对环境的影响降到最小程度。在这种焚烧炉的处理下,排出的未燃物只有大约1%,燃烧的残渣很少,对环境的污染比前一种焚烧炉低很多。另外,它还能处理高水分的污泥。以往流化床通常用于焚烧木屑等,近几年才被广泛应用于处理城市垃圾。

根据风速和城市垃圾颗粒的运动,可以将流化床焚烧炉分为固定层、沸腾流动层和循环流动层三种状态。第一种状态为固定层,气速较低,垃圾颗粒保持静态,气体从垃圾颗粒间通过;第二种状态为沸腾流动层,气速超过流动临界点的状态,从而在颗粒中产生气泡,颗粒被剧烈搅拌,处于沸腾状态;第三种状态为循环流动层,气体速度超过极限速度,气体和颗粒之间激烈碰撞混合,颗粒在气体作用下处于飞散状态。其中,沸腾流动层是该类型焚烧炉最主要的状态[①]。

一般垃圾粉碎到20 cm以下后投入炉内,垃圾和炉内的高温流动沙（650 ℃～800 ℃)接触混合,瞬间气化并燃烧。未燃尽成分和轻质垃圾一同飞到上部燃烧室继续燃烧。一般认为上部燃烧室的燃烧占40%左右,但容积却是流化层的4～5倍,同时,上部的温度也比下部流化层高100 ℃～200 ℃,通常也称为二燃室。

不可燃物和流动沙沉到炉底,一起被排出,混合物分离成为流动沙和不可燃物,流动沙可保持大量的热低量,流回炉循环使用。70%左右垃圾的灰分以飞灰形式流向烟气处理设备。

流化床炉体较小,焚烧炉渣的热灼减率低(约1%),炉内可动部分设备少;同时,由于流动床将流动沙保持在一定的湿度,所以便于每天启动和停炉。但由于流化床焚烧炉主要靠空气托住垃圾进行燃烧,因此对进炉的垃圾有粒度要求,通常希望进入炉中垃圾的颗粒不大于50 mm,否则大颗粒的垃圾或重质的物料会直接落到炉底被排出,达不到完全燃烧的目的。所以流化床焚烧炉都配备了大功率的破碎装置,否则垃圾在炉内保证不了完全呈沸腾状态,无法正常运转。另外,垃圾在炉内沸腾全部

[①]王国琦. 城市生活垃圾焚烧发电技术及烟气处理[J]. 中国新技术新产品,2020（04):131-132.

靠大风量高风压的空气,不仅电耗大,而且将一些细小的灰尘全部吹出炉体,造成锅炉处大量积灰,并给下游烟气净化增加了除尘负荷。流化床焚烧炉的运行和操作技术要求高,若垃圾在炉内的沸腾高度过高,则大量的细小物质会被吹出炉体;相反,鼓风量和压力不够,沸腾不完全,则会降低流化床的处理效率。因此需要非常灵敏的调节手段和相当有经验的技术人员操作。

三、回转窑焚烧炉焚烧工艺

回转窑焚烧炉是一种成熟的技术,如果待处理的垃圾中含有多种难燃烧的物质,或垃圾的水分变化范围较大,回转窑是理想的选择。回转窑因为转速的改变,可以影响垃圾在窑中的停留时间,并且对垃圾在高温空气及过量氧气中施加较强的机械碰撞,能得到可燃物质及腐败物含量很低的炉渣。

回转窑可处理的垃圾范围广,在工业垃圾的焚烧领域应用广泛。在城市垃圾焚烧中应用回转窑,主要是为了提高炉渣的燃尽率,将垃圾完全燃尽以达到炉渣再利用时的质量要求。在这种情况下,回转窑炉一般安装在机械炉排炉后。

在回转窑作为干燥和燃烧炉使用流程中,机械炉排作为燃尽工具安装在其后,作用是将炉渣中未燃尽物完全燃烧。但该技术也存在明显的缺点:垃圾处理量不大,飞灰处理难,燃烧不易控制。这使它很难适应发电的需要,在当前的垃圾焚烧中应用较少。回转窑炉是一个带耐火材料的水平圆筒,绕着其水平轴旋转。从一端投入垃圾,当垃圾到达另一端时已被燃烧成炉渣。圆筒转速可调,一般为 0.75 ~ 2.50 r/min。处理垃圾的回转窑的长度和直径比一般为 2∶1~5∶1。

回转窑由两个以上的支撑轴轮支持,通过齿轮驱转的支撑轴轮或链长驱动绕着回转窑体的链轮齿带动旋转窑炉旋转。回转窑的倾斜角度可以通过上下调整支撑轴轮来调节,一般为 2% ~ 4%,但也有完全水平或倾斜角度极小的回转窑,且在两端设有小坝,以便在炉内维持一个池形,一般用作熔融炉。

回转炉可分成如下几类:①顺流和逆流炉。根据燃烧气体和垃圾前进方向是否一致分为顺流和逆流炉。处理高水分垃圾选用逆流炉,助燃器设置在回转窑前方(出渣口方),而高挥发性垃圾常用顺流炉。②熔融炉和非熔融炉。炉内温度在1100℃以下的正常燃烧温度域时,为非熔融炉。当炉内温度达1200℃以上,垃圾将会熔融。③带耐火材料炉和不带耐火材料炉。最常用的回转窑一般是顺流式且带耐火材料的非熔融炉。

四、炉排型焚烧炉和流化床焚烧炉的对比

两种焚烧炉可从以下几方面进行对比。

(一)应用情况

炉排型焚烧炉在国外有成熟的长期运行经验,使用数量最多,近年来国内也有较多地方使用,而流化床焚烧炉相对使用较少。

(二)适用垃圾对象

从环保的角度考虑,为了保证垃圾稳定燃烧并具有较高的燃烧效率,要求垃圾平均低位热值应达到5000 kJ/kg以上。我国多数城市垃圾热值不是很高且季节波动比较大,流化床焚烧炉可以添加适量的辅助燃料(煤),使混合燃烧的热值达到要求,故适宜选用。

(三)单炉容量

炉排型焚烧炉在国外最大单炉处理垃圾量可达1200 t/d,而流化床焚烧炉为150 t/d。

(四)蒸汽参数

在单炉垃圾处理量相同情况下,由于流化床焚烧炉有辅助燃煤,故其蒸发量比炉排型焚烧炉大。

(五)二次污染控制

垃圾焚烧所产生的二次污染主要指重金属和二噁英,流化床焚烧垃圾有助于控制重金属的排放。从燃烧过程中控制二次污染来看,流化床垃圾焚烧炉要优于机械炉排炉。

(六)烟气净化

炉排型焚烧炉焚烧灰渣大部分(约90%)作为主灰由炉排底部排出,烟气净化较容易;流化床焚烧炉烟气中飞灰含量远高于炉排型焚烧炉,烟气净化复杂。因此,使用流化床焚烧垃圾,要十分重视布袋除尘器的布袋质量,消除漏灰现象,以免造成环境污染。

(七)垃圾预处理

炉排型焚烧炉一般不设置垃圾预处理系统,只需将大尺寸的垃圾挑出即可;而流化床对入炉垃圾的粒度一般要求为150～200 mm,因此需设置垃圾预处理系统,选用冲击式破碎机,再加人工分选环节。

(八)飞灰处理

炉排型焚烧炉焚烧飞灰中含有大量重金属及有机类污染物,这些危险废弃物需进行固化处理后填;流化床焚烧炉飞灰量大,但单位重量飞灰中重金属及有机类污染物量非常低,便于飞灰的综合利用。

第四节　生活垃圾焚烧烟气处理技术

一、焚烧烟气中污染物的种类和危害

根据烟气污染物的性质的不同,可将其分为粉尘、酸性气体、重金属和有机污染物四大类。

垃圾焚烧烟气中的污染物会对周围环境和人体健康造成严重危害。例如,HCi可能腐蚀人的皮肤和黏膜,致使声音嘶哑、鼻黏膜溃疡、眼角膜浑浊、咳嗽甚至咯血,严重者出现肺水肿以至死亡。对于植物,HCi会导致叶子褪色,进而坏死。HCi还会危害垃圾焚烧设备,会造成炉膛受热面的高温腐蚀损毁和尾部受热面的低温腐蚀。NO_x对人体和动物的各个组织都有损害,浓度达到一定程度会造成人和动物死亡,危害人类的生存环境。SO_2主要是影响人的呼吸系统,严重时可引起肺气肿,甚至死亡。重金属的危害在于它不能被微生物分解且能在生物体内富集(生物累积效应)或形成其他毒性更强的化合物,通过食物链,它们最终对人体造成危害。垃圾焚烧产生的粉尘中含有的重金属元素,在这些污染物中含有致癌致突变、致畸化合物。二噁英等物质有剧毒,易溶于脂肪,易在生物体内积聚,能引起皮肤痤疮、头痛等症状,即使量很微小,但长期摄取也会引起癌症、畸形等[1]。

---

[1]邵光辉,陈相宇,崔小相.微生物固化垃圾焚烧灰渣强度试验[J].林业工程学报,2020,ζ(01):171-177.

二、烟气污染物产生机理

(一)粉尘的产生

烟气中的粉尘是焚烧过程中产生的微小无机颗粒状物质,主要是:①被燃烧空气和烟气吹起的小颗粒;②未充分燃烧的炭等可燃物;③因高温挥发的盐类和重金属等在冷却净化过程中又凝缩或发生化学反应产生的物质。前两种可认为是物理原因产生的,第三种则是热化学原因产生的。

(二)酸性气体的产生机理

1.氯化氢的产生

氯化氢主要来源于生活垃圾中含氯废物的分解;此外,厨余、纸布等成分在焚烧过程中也能生成部分氯化氢气体。以聚氯乙烯塑料(PVC)为例,产生氯化氢气体的总反应方程式为

$$C_xH_xCl_x + O_2 \longrightarrow CO_2 + H_2O + HCl + 不完全燃烧物 \tag{5-25}$$

2.硫氧化物的产生

硫氧化物来源于含硫生活垃圾的高温氧化过程。以含硫有机物为例,硫氧化物的产生机理可用下式表示:

$$C_xH_yO_zS_p + O_2 \longrightarrow CO_2 + H_2O + SO_2 + 不完全燃烧物 \tag{5-26}$$

$$2SO_2 + O_2 = 2SO_3 \tag{5-27}$$

3.氮氧化物的产生

在高温条件下,氮氧化物来源于生活垃圾焚烧过程中的氮与氧的氧化反应。此外,含氮有机物的燃烧也生成氮氧化物。氮氧化物中95%都是一氧化氮,二氧化氮仅占很少部分。氮氧化物的产生机理可用下式表示:

$$2N_2 + 3O_2 = 2NO + 2NO_2 \tag{5-28}$$

$$C_xH_yO_zN_w + O_2 \longrightarrow CO_2 + H_2O + NO + NO_2 + 不完全燃烧物 \tag{5-29}$$

4.一氧化碳的产生

之所以会产生一氧化碳,是因为垃圾里的有机可燃物没有完全燃烧。正常来说,碳元素在完全燃烧时会氧化成二氧化碳,但在不完全燃烧时,会因为部分的氧气不足、温度不够高等因素导致小部分的碳被氧化成一氧化碳。有以下几种化学反应会生成一氧化碳。

$$3C + 2O_2 = CO_2 + 2CO \tag{5-30}$$

$$CO_2 + C = 2CO \qquad (5-31)$$
$$C + H_2O = CO + H \qquad (5-32)$$

(三)重金属类污染物的产生

重金属类污染物来源于焚烧过程中生活垃圾所含重金属及其化合物的蒸发。含重金属物质经高温焚烧后,除部分残留于灰渣中之外,其他会在高温下气化挥发进入烟气。部分金属物在炉中参与反应,生成比原金属元素更易气化挥发的氧化物或氯化物。这些氧化物及氯化物因挥发、热解、还原及氧化等作用,可能进一步发生复杂的化学反应,最终产物包括元素态重金属、重金属氧化物及重金属氯化物等。元素态重金属挥发与残留的比例与各种重金属物质的饱和温度有关,饱和温度越高则越易凝结,残留在灰渣内的比例亦随之增高。

(四)不完全燃烧污染物的产生

如果烟气中要产生不完全燃烧污染物,那么垃圾可燃物的燃烧必定不完全,一般来说,其存在的形式为低分子的碳氢化合物、有机酸等有机物,它与烟气中的氮氧化物会形成光化学氧化物,在光照条件下会形成光化学烟雾。在生活垃圾焚烧过程中,有机物发生分解、合成、取代等多种化学反应,生成一些有毒有害的中间体物质,对环境造成极大的危害。二噁英在标准状态下呈固态,极难溶于水,易溶解于脂肪,易在生物体内积累,并难以被排出。二噁英是目前发现的无意识合成的副产品中毒性最强的化合物,它的毒性(半致死剂量)是氰化钾毒性的1000倍以上。

三、烟气污染物的影响因素

影响垃圾焚烧烟气污染物的产生及含量的主要因素是垃圾成分和垃圾焚烧炉内工艺条件。在相同工艺条件下,生活垃圾中所含的产生污染物的"源体"物质越多,则对应污染物的原始浓度越高。某些重金属如Cu、Ni的存在,会促使二噁英类污染物(PCDDs和PCDFs)的生成,使其原始浓度升高。另外,生活垃圾的含水率与PCDDs和PCDFs的形成有关,相同条件下,较高的含水率有利于降低烟气中这两种污染物的原始浓度。

一般来说,在影响污染物产生量的两大重要因素中,垃圾焚烧炉内工艺条件甚至比生活垃圾的成分组成还要重要,包括但不限于温度、烟气在炉内的停留时间、垃圾在炉排上的运动模式等。其中,温度的影响最大。温度较高,则有机物容易被完全燃烧,从而大大降低烟气中的污染物在原始浓度中的占比。当然,如果烟气在炉内停留的时间越长,那么垃圾的燃烧效果也越好,能够减少一氧化碳和有机类污染物的浓度,从而使不完全燃烧污染物含量降低。而如果空气过量系数得当,那么将有助于垃圾的完全燃烧。

四、垃圾焚烧烟气控制、净化技术

(一)颗粒物的去除

除尘设备的种类主要包括重力沉降室旋风(离心)除尘器喷淋塔、文氏洗涤器静电除尘器及布袋除尘器等。

由于焚烧烟气的颗粒物细小,因此惯性除尘器和旋风除尘器不能作为主要的除尘装置,只能视为除尘的前处理设备。垃圾焚烧场的颗粒物净化设备主要有文氏洗涤器、静电除尘器及布袋除尘器等。由于焚烧烟气中的颗粒物粒度很小,为了去除小粒度的颗粒物,必须采用高效除尘器。洗涤器虽然可以达到很高的除尘效率,但能耗高且存在后续的废水处理问题,所以不能作为主要的颗粒物净化设备。

静电除尘器和布袋除尘器的除尘效率均大于99%,且对小于0.5 μm的颗粒有很高的捕集效率,广泛应用于净化垃圾焚烧场对烟气中颗粒。

袋式除尘器的优点是除尘效率高,除尘效率的变化对进气条件的变化不敏感。当然袋式除尘器也有它的缺点:对滤料的耐酸碱性能要求高,须使用特殊性材质;颗粒物湿度较大时,会引起堵塞;压降高,导致能耗也较高;滤袋要定期更换和检修。

(二)酸性气态污染物

1.HCl、SO_x、HF 的净化

(1)湿式洗涤法

湿式洗涤法利用碱性溶液[如 $Ca(OH)_2$、NaOH 等]作为吸收剂,对焚烧烟气进行洗涤,通过酸碱中和反应将 HCl 和 SO_x 去除,使得其中的酸性气态污染物得以净化。

(2)干法净化

干法净化采用干式吸收剂(如 CaO、$CaCO_3$ 等)粉末喷入炉内或烟道内,使之与酸性气态污染物反应,然后进行气固分离。该法最大的缺点是污染物的去除率低,且对Hg的去除效果不好。

（3）半干法

半干法净化是使烟气中的污染物与碱液进行反应,形成固态物质而被去除的一种方法,是介于湿法和干法之间的一种方法。普通半干法洗气塔是一个喷雾干燥装置,利用雾化器将熟石灰浆从塔顶或底部喷入塔内,烟气与石灰浆同向或逆向流动并充分接触产生中和作用。

它具有净化效率高且无须对反应产物进行二次处理的优点。但是此法制浆系统复杂,反应塔内壁容易黏结,喷嘴能耗高,对操作水平要求较高,需要长时间地实践积累才能达到良好的净化效果。

2.NO_x净化技术

NO_x的净化是最困难且费用最昂贵的技术,这是由NO的惰性（不易发生化学反应）和难溶于水的性质决定的。垃圾焚烧烟气中的NO_x以NO含量高达95%或更多,利用常规的化学吸收法很难达到有效去除。除常用的选择性非催化还原法（SNCR）外,还有选择性催化还原法（SCR）、氧化吸收法、吸收还原法等。其中,非催化还原法在垃圾焚烧烟气净化中应用最多。

为了减少NO_x的产生,可以采取的措施有:①降低焚烧温度,以减少热力型NO_x的产生,但焚烧温度不应低于800 ℃;②降低O_2的浓度;③使燃烧在远离理论空气比条件下进行;④缩短垃圾在高温区的停留时间。

一般在焚烧的实际运行中,应在保证垃圾中可燃组分充分燃烧的基础上,再兼顾减少NO_x的产生。为了解决上述矛盾,国外目前的措施是在烟气处理系统中增加脱硝装置。

（三）二噁英类物质

二噁英的产生几乎存在于垃圾焚烧处理工艺的各个阶段——焚烧炉内、低温烟气除尘净化过程中等。主要措施包括以下几方面:①选用合适的炉膛和炉排结构,使垃圾在焚烧炉中得以充分燃烧;②控制炉膛及二次燃烧室内,或在进入余热锅炉前烟道内的烟气温度不低于850 ℃,烟气在炉膛及二次燃烧室内的停留时间不少于2 s,氧气浓度不少于6%,并合理控制助燃空气的风量、温度和注入位置,称为"3T"控制法;③缩短烟气在处理和排放过程中处于300 ℃～500 ℃温度域的时间,控制余热锅炉

131

的排烟温度不超过250℃;④选用新型袋式除尘器控制除尘器入口处的烟气温度低于200℃,并在进入袋式除尘器的烟道上设置活性炭等反应剂的喷射装置,进一步吸附二噁英;⑤在垃圾焚烧场设置先进、完善和可靠的全自动控制系统,使焚烧和净化工艺得以良好执行;⑥通过分类收集或预分拣,防止生活垃圾中氯和重金属含量高的物质进入垃圾焚烧场;⑦由于二噁英可以在飞灰上吸附或生成,所以应将飞灰用专门容器收集后,作为有毒有害物质送往安全填埋场进行无害化处理,有条件时可以对飞灰进行低温(300℃~400℃)加热脱氯处理,或熔融固化处理后再送往安全填埋场处置,以有效地减少飞灰中二噁英的排放。

(四)重金属

与有机类污染物的净化相似,"高效的颗粒物捕集"和"低温控制"是重金属净化的两个主要方面。重金属以固态、液态和气态的形式进入除尘器,当烟气冷却时,气态部分转变为可捕集的固态或液态微粒。但是,对于挥发性强的重金属如Hg而言,即使除尘器以最低的温度操作,仍有部分金属存在于烟气中。

总之,垃圾焚烧烟气净化系统的温度越低,则重金属的净化效果越好,反之越差。

(五)垃圾焚烧烟气处理技术新动向

1.电子束废气处理法

电子束废气处理法的处理对象主要是煤炭燃烧排气、重油燃烧排气、制铁烧结炉排气以及隧道排气。

使用电子束废气处理法可以同时去除氯化氢、硫氧化物和氮氧化物,去除率很高,设备规模小,可削减脱硝装置,使废气处理工艺流程简单化。同时,在能源回收及减少药品使用等方面都是非常有利的。

2.炉内的NO_x氧化还原技术

在废气处理过程中,为防止炉内生成NO_x,一般采用控制炉内燃烧温度来抑制NO_x的生成。因为炉内的温度越高,NO_x的生成量就越大。而在防止二噁英的生成技术中,主要的对策是提高炉内的温度,使气体充分燃烧,控制CO的生成,使之不形成二噁英的前驱物质,从而达到防治二噁英的目的。这在处理环节上就形成一对矛盾,为解决这对矛盾,国外目前的主要措施是在废气处理系统中增加脱硝装置,以达到去除NO_x的目的。

第五节　垃圾焚烧飞灰的处理与处置

一、飞灰的特点

（一）飞灰的产生

垃圾焚烧飞灰是指垃圾焚烧后在热回收利用系统、烟气净化系统收集的物质。飞灰的产量与垃圾种类、焚烧条件、焚烧炉型及烟气处理工艺有关，一般占垃圾焚烧量的3%～5%。

（二）飞灰的特征和化学组成

飞灰中包括烟道灰，即在焚烧室内产生并排出，在加入化学药剂前被去除的颗粒物，包括烟道气冷却后冷凝下来的挥发物、加入的化学药剂及化学反应产物。飞灰一般呈灰白色或深灰色，颗粒状态多样化。从含量上来看，Si、Ca、Al是飞灰的最主要成分。此外，还含有K、Na、Cl、Fe、Ti、Mg等元素成分和Pb、Cd、Zn、Hg、Cu、Ni、As等微量污染元素成分。由于原料和焚烧方式的差异，飞灰的成分也有较大差异[1]。

（三）飞灰的污染特性

飞灰中会浸出很大毒性的重金属，因而被划分在危险废物中。其重金属元素以Pb、Cd、Hg和Zn为主。除此之外，飞灰内还存在着少量的剧毒有机污染物，如果不进行适当处理，就会导致在运输、储存、处理等环节，二噁英与呋喃造成环境的二次污染和对人体健康的威胁。

二、飞灰的处理与处置技术现状

（一）飞灰的固化

之所以要把飞灰进行固化或稳定化处理，是为了使危险废物中的污染组分呈现化学惰性或被包容起来。处理后的产物进入常规填埋场或危险废物填埋场进行填埋，或者进行资源化利用。就目前处理情况而言，应用最多的是水泥固化、熔融固化和药剂稳定化。

---

①刘兴帅. 城市垃圾焚烧飞灰制备轻质碳酸钙及重金属迁移研究[D]. 徐州：中国矿业大学,2019.

1.水泥固化法

水泥固化法是目前应用最广的城市垃圾焚烧飞灰固化技术。水泥是常见的危险废物稳定剂,所以在处理废物时最常用的是水泥固化技术。水泥的品种很多,其中最常用的是普通硅酸盐水泥,这种材料是用石灰石、黏土以及其他硅酸盐物质混合后在水泥窑中高温下煅烧,然后研磨成粉末状。

水泥固化工艺较为简单,通常是把有害固体废物、水泥和其他添加剂与水混合、经过一定时间的养护而形成坚硬的固化体。固化工艺的配方是根据水泥的种类处理要求,以及废物的处理要求制定的,大多数情况下需要进行专门的试验。对废物稳定化的最基本要求是对关键有害物质具有稳定效果,它基本上是通过低浸出速率体现的。除此之外,还需要达到一些特定的要求。

2.熔融固化法

熔融固化技术主要是将飞灰和细小的玻璃质混合,经高温(通常1000℃~1400℃)熔融后形成玻璃固化体,借助玻璃体的致密结晶结构,确保重金属的稳定。飞灰经熔融固化法处理后可减量2/3左右,并能将其中的有机化合物等毒性物质分解,同时熔融后重金属的浸出率很低,但由于成本较高,熔融固化法应用范围受到限制。这种方法和技术遇到的主要问题是飞灰中的破金属氯化物、硫酸盐和其他挥发性金属化合物在熔融过程中会产生带有大量酸性气体的烟尘,因此还需要考虑废气的处理。

3.化学药剂稳定法

药剂稳定化是利用化学药剂通过化学反应使有毒有害物质转变为低溶解性、低迁移性及低毒性物质的过程。根据废物中所含重金属种类,可以采用的稳定化学药剂有石膏、漂白粉、磷酸盐、硫化物(硫代硫酸钠、硫化钠)、铁酸盐和高分子有机稳定剂等。

化学药剂稳定法使飞灰中的重金属具有长期稳定性。处理飞灰与所消耗药剂质量比约为2011.0(与药剂品种有关);处理后废弃物增容比约为1.0。但该法成本较高,操作管理较复杂,另外对二噁英和溶解盐的稳定作用较小。

(二)城市垃圾焚烧飞灰中重金属的提取

飞灰中重金属的提取方法主要有酸提取、碱提取、高温提取、生物浸提和其他药剂提取等。目前对酸提取的研究较多。经过重金属提取后的飞灰和被提取的重金属可以分别进行资源化利用。

飞灰中存在很多碱性的金属氧化物和大量含 Ca、Na、K 的可溶解盐类,因此飞灰一般为碱性。直接用酸浸提时,上述盐类会消耗大量的酸。因此在用酸浸提之前,飞灰要进行水洗预处理。

硫酸、盐酸以及硝酸对金属的浸出效率都很高,硫酸浸出的缺点是不能将 Pb 浸出,因此必须在硫酸浸出后增加其他的酸或者碱将 Pb 浸出。飞灰中含有大量的 Fe、Al、Ca、Mg、Si,这些金属的含量为有毒重金属含量的几倍甚至几十倍。在用酸浸提时,这些金属被大量溶解,会消耗大量的酸。因此,采用碱(NaOH)浸出与酸浸出有机结合的工艺,能取得很好的效果。

三、飞灰处理与处置系统

为使由烟道、锅炉、除尘器所捕集的飞灰顺利移出并获得适当的处理,必须设置漏斗或滑槽、排出装置、输送装置、润湿装置、贮存斗等设备。其一般的工艺流程如下:飞灰→漏斗→排出装置→输送装置→润湿装置→贮存斗→运出。

(一)漏斗与滑槽

漏斗及滑槽为飞灰排出设备中不借机械力,而凭借自重将烟道、锅炉、除尘器等所捕集的飞灰顺利排出的装置,其位置设在各设备的下部。漏斗及滑槽的形状必须根据飞灰的特性,具有适当的断面及倾斜角度。另外,为防止"架桥"的发生,漏斗及滑槽的倾角应在 50°以上为宜,并应配合飞灰的吸湿性对其适当保温,必要时也可设置振动装置。

(二)飞灰排出装置

锅炉中的飞灰多经旋转阀排出,以保持气密性。飞灰的粒径大而干燥,运送时应注意输送设施的磨损。

当采用喷水式气体冷却室时,除包括沉降室与冷却室下部的飞灰外,还会有附着在冷却室壁面的块状剥离物,一般可借助输送带或水流排出。此外,该处的飞灰因水分含量高,且夹带酸性成分,故必须注意排出装置的防腐蚀性能。经除尘器所捕集的飞灰,可借其下部设置的漏斗或直接以输送带排出。由于此部分的飞灰与锅炉吹落下的飞灰性质相似,均具有吸湿性,故应保持排出设施的气密性,以避免温度下降而使飞灰附着在设备上,影响运转。若不得不做长距离输送时,也应考虑在输送设施上设置蒸汽或电热式加热器,并附以保温材料,以维持飞灰良好的输送状况。

(三)飞灰输送装置

飞灰输送装置可分为以下几种形式。

1.螺旋式输送带

它是内含螺旋翼的圆筒构造,这种输送带仅适用于 5 m 之内的短距离输送情况(如平底式静电除尘器的底部)。

2.刮板式输送带

它是在链条上附有刮板的简单构造,使用时必须注意,滚轮旋转时由飞灰造成的磨损。另外,当输送吸湿性高的飞灰时,应注意其密闭性,避免由输送带外壳漏入空气,而导致温度下降,使飞灰附着在输送带上。

3.链条式输送带

它是由串联起来的链条及加装的连接物在飞灰中移动,利用飞灰的摩擦力来排出飞灰的装置。

4.空气式输送管

由于飞灰具有流体的某些特性,因而可利用空气流动的方式来运送。空气流动的方式有压缩空气式及真空吸引式两种,均具有自由选择输送路线的优点;缺点为造价太高,且输送吸湿性的飞灰时,易形成阻塞。此外,当输送速度太快时,也必须注意磨损情况。

5.水流式输送管

利用水流来输送飞灰,与空气式输送管一样,具有自由选择输送路线的优点,但会产生大量污水。

(四)飞灰润湿装置

将除尘器等设备捕集的飞灰单独收集时,为防止其在贮坑内飞散,应设置飞灰润湿装置。一般常用双轴叶型混合器,并填加约飞灰量10%的水分,予以均匀混合后排出,但必须慎重选择混合器的材质,以防止飞灰腐蚀。由于引风机造成的负压,飞灰排出装置的出口常有空气漏入,故应加强飞灰排出口与输送带连接部分的密封性。通常采用的密封装置有旋转阀及双重挡板等,也可不设密封装置而以水封来防止空气的漏入。

(五)贮存斗

经润湿后的飞灰,可暂时贮存在贮存斗中,再由下部可自由开闭的排出口直接排入运渣车内。贮存斗的形状,应自投入口以60°以上的倾角渐渐收缩至排出口,由于收缩角度的限制,贮存斗的容积应为10~12m³。若容量不足时,可考虑设置多个贮存斗;至于贮存斗排出口的大小,必须小于承载车辆的宽度。在决定贮存斗容量时,必须考虑出灰车辆的作业时间,若仅在白天8 h作业,则必须具有较大的贮存量。至于贮存斗的配置位置,由于输送带的倾斜角度约在30°,故配置时应充分利用地形,以确保达到要求的高度。

因贮存斗与炉体为独立的结构,故其构造上颇具弹性,一般多设置于地面上,但若地形许可,也可考虑将贮存斗设置在地下或与厂房结构合为一体。

自贮存斗排出口滴下的渗出水,应设置集水装置加以收集。另外,为避免雨水流入,应设置顶棚或考虑采用室内方式。

第六节　垃圾焚烧炉渣处理与资源化利用

一、炉渣特性

垃圾焚烧后会产生一定的炉渣。炉渣是一种浅灰色的锅炉底渣,随着含碳量的增加颜色变深,形状通常是不规则的、带棱角的蜂窝状颗粒,硬度小,易破碎,表面多为玻璃质,主要是不可燃的无机物以及部分未燃尽的可燃有机物,来源于垃圾中的玻璃、装修杂物、陶瓷、砖块、金属、熔渣等。炉渣中的主要成分是硅酸盐,与水泥的成分基本一致。通过对垃圾炉渣(以下简称炉渣)进行理化分析:硅酸盐占42.5%,铝占18.67%,铁占24.32%,钙占7.93%,其他重金属只以微量形式存在。由此可见,炉渣不是有害废物,通过适当处理完全可以利用。我国《生活垃圾焚烧污染控制标准》(GB 18485—2014)也有明确规定:焚烧炉渣按一般固体废物处理。

二、炉渣处理系统

(一)炉渣输送工艺

为使垃圾焚烧后的炉渣顺利移出并获得适当处理,必须设置漏斗或滑槽、排出装置、冷却设备、输送装置、贮坑及吊车与抓斗等设备。其一般的工艺流程为:炉渣→漏斗→排出装置→冷却设备→输送装置→灰渣贮坑→吊车与抓斗→运出。

灰渣漏斗或滑槽必须可使由炉排缝隙漏出的炉渣顺利落下,且具有阻止"架桥"等阻塞现象形成的构造。

炉渣冷却设备必须具有足够的容量,以将排出的炉渣充分冷却,同时也应具有遮断炉内烟气及火焰的功能。炉渣输送装置应具备充足的容量及不致使炉渣散落的构造。灰渣贮坑应具备两日以上的贮存量,且须位于灰渣卡车容易接近的位置,在其底部也应设置排水设施。

吊车与抓斗应具备适当的容量及速度,以方便贮坑内炉渣的移出。

(二)炉渣输送设备

1.漏斗与滑槽

漏斗及滑槽为炉渣排出设备中,不借机械力,而凭借自重将炉排通风空隙中漏下的炉渣顺利排出的装置。其位置设置在炉排的下部,炉排下的漏斗通常亦为一次助燃空气风箱的一部分。

漏斗或滑槽的形状必须根据炉渣的特性,具有适当的断面及倾斜角度,必要时也可设置振动装置,以防止"架桥"的发生。

2.炉渣排出装置

排出装置主要用于将炉渣从其产生的场所移送到冷却装置。炉渣排出装置所满足的条件主要有:①防止外部空气漏进该设备;②炉渣能够顺利地转移,防止堵塞发生;③能够抵御磨损、腐蚀等现象的发生。总之,排出装置必须符合炉渣的性状。

垃圾焚烧炉出渣口一般设置在比较高的场地,而炉渣冷却装置在低处,所以炉渣的水平移送可借助机械力、空气力、水力等,而垂直移送则采用自由落体方式。炉渣可自炉排下的通风缝隙落入漏斗或滑槽内,炉渣下落管的堵塞会对垃圾焚烧炉的正常运转产生严重障碍。为了防止这种情况的发生,必须进行严格的焚烧管理,下落管的构造必须防止堵塞,也必须便于观察,下落管堵塞疏通时应确保安全。通常,为使炉渣顺利滑下,漏斗或滑槽的倾角应在40°以上为宜。

3.炉渣冷却设备

一般进行连续排渣的机械式垃圾焚烧炉,其末端排出的炉渣呈高热状态(约400℃),如果不采用熔融处理,就必须利用冷却设施,将其完全灭火和降温。

炉渣冷却设备(有时也称为出渣设备)是炉渣处理系统中的关键设备,不仅可以冷却炉渣、增加炉渣的湿度,还具有将炉渣排出、密封焚烧炉的作用。一般一炉设一槽,可以采用钢制也可以采用水泥制造,内部设有将冷却后的炉渣排出槽外的传送机。

炉渣在排出时还要经历一个脱水的过程。当水中的炉渣被提升(或推出)至水面之上时,被炉渣带出的大量水分在重力作用下返回水槽中,使炉渣的含水率不至太高。排出的炉渣经由输送装置运至灰渣贮坑。

由于炉渣冷却设备位于垃圾焚烧炉的出口处,故应将滑槽伸入水中,以达到封闭的效果。至于设备的大小,除应考虑其冷却能力外,也应具有足够的空间,而不致使炉渣在滑槽内过度堆积而造成堵塞,影响正常运作。

炉渣下落管的下端,为了防止空气侵入,也为了防止水位变动,一般水深设30 cm以上。水槽应尽可能深一点和长一点,这样有许多好处:①可以达到金属溶出的目的;②炉渣可以充分冷却;③可以防止水温上升。

冷却槽水面有时会浮上一层浮渣,浮渣结垢以后容易阻碍冷却水的溢出。为了消除这种障碍,必须严格地进行燃烧管理,及时排除冷却水表面的浮渣,适当喷水使浮渣接近出渣设备而顺利排出。

4.炉渣输送装置

炉渣从冷却槽底部被推出以后,在冷却槽倾斜部分把水沥干,然后送入炉渣输送装置。炉渣输送装置是将冷却后的炉渣,搬送至灰渣贮坑所需的设备。当炉渣冷却设备靠近灰渣贮坑时,也可采用推灰器或滑槽,直接将炉渣送入贮坑内。

当冷却设备远离灰渣贮坑时,一般均使用输送带。输送带有两种形式,一种是输送带在槽的上方返回,另一种在槽的下方返回,它们各有利弊。下方返回式,输送带下的地板易被污染,必须经常清扫;上方返回方式,落渣管与倾壁接触,磨损大。输送带上落下的炉渣容易在贮坑内形成死角,影响灰渣贮坑容积的有效利用,可以设旋转筒或导向板来解决这一问题。

当从垃圾焚烧炉渣中回收铁质成分时,炉渣从输送带上转入振动式传送带,上方设有磁力分选装置来回收铁质。由于铁质成分上会附属渣粒,可将铁质送往冲击式粉碎机或用水洗涤,从而提高回收铁质的价值。

5.炉渣贮坑

炉渣从输送带转换成其他运输工具之前,必须临时性地贮存在炉渣贮坑。炉渣贮坑可以与垃圾贮坑并排设置,称前置式;设置在垃圾焚烧炉后面则称为后置式,可以根据地形限制而定。贮坑的容积根据出渣作业的情况而定,一般应具有3 d的容量。

由于炉渣贮坑通常与吊车配合使用,故底部最好设计成便于抓斗作业的形状,其结构也应为混凝土结构,以耐吊车抓斗产生的碰撞。对于炉渣贮坑内渗出的污水,应将其收集,再排入污水处理场处理。为方便收集污水,贮坑底部可设计成倾斜状,再在贮坑旁设置独立的集水设施,以避免炉渣落入而影响排水。为了防止炉渣流失,必须设过滤网,网上附着炉渣应能方便消除。必要时也可加设沉淀槽,将渗出水的固体物进行分离后再输送,以避免废水管线中的阻塞,沉淀槽中的沉淀物可用吊车移出。

炉渣中存在铝、锌等金属岩石性灰清,与水接触会产生氢气,易发生爆炸,该爆炸在密闭系统中会造成重大事故。因而,在炉渣的贮存、搬运、处理过程中必须防止这种情况发生。

三、炉渣的资源化利用——炉渣制砖

(一)炉渣资源化利用的可行性

通过对炉渣的土木工程特征对比分析(与沙子的典型值对比)发现,炉渣有与沙子接近的土木工程特性。由于炉渣主要含中性成分,且物理化学和工程特性与天然骨料(石英砂和黏土等)相似,因而是很好的建筑原材料。因此,炉渣作为建筑原材料在技术上可行。

从经济效益上来看,由于国家对资源的综合利用的积极扶持。从建厂,生产到产品的使用和企业的税收上都给予了很大优惠,无形中成为企业的生产增长点,提高了其经济效益,使其在社会效益上更加突出。城市垃圾的处理有利于城市环境清洁,减少了环境污染,有利于人们的身心健康。而焚烧渣还可以进行资源再利用。

(二)炉渣制砖工艺

1.炉渣混凝土砖行业要求

根据中华人民共和国农业行业标准《混凝土普通砖和装饰砖》(NY/T 671—2003)中的有关规定,混凝土标砖有五个强度等级,强度等级小于 MU10 的砖只能用于非承重建筑部位。使用工业废流制砖有如下要求:烧失量不大于 8%;不含有影响混凝土性能的有害成分及其他杂物;掺入的工业废渣原料应进行放射性物质检测。根据外观质量尺寸偏差,又分为优等品、一等品和合格品。

2.炉渣的除铁破碎筛分回收

炉渣内有大量可回收的废铁及少量有色金属,90% 以上的废铁必须清除,否则制成的砖出现锈斑,影响砖的使用推广。回收的废铁也有可观的经济价值,年处理规模 12 万 t 城市垃圾的焚烧场,一年估算可回收 30 万元人民币的废铁。

炉渣中仍有少量未焚烧尽的纤维、塑料、纸张等,通过机选和人工筛选,仍可重新回炉焚烧。炉渣制砖必须有如下三个过程:①除铁和充分分离杂物。②按用制砖的要求对炉渣进行破碎和筛分,制成合格的多种制砖骨料。国家标准规定炉渣的最大粒度小于 10 mm,且不能大于多孔砖筋板的 80%。一般筛分的粒度不超 8 mm,并且要有最佳适宜的粒度级配,才能达到强度最大化。③按一定比例添加水泥制砖。

3.以炉渣为原料生产建材产品的一般工艺流程

炉渣先经过筛选,大块的炉渣需破碎。处理后的炉渣和水泥混合搅拌,搅拌后输送到成形主机冲压成形。砖送到养护场养护,养护需要 8~24 h(根据温度变化),在堆放场堆放 20d 后即可检验出厂。

四、综述

城市垃圾焚烧炉渣是一种可资源化的固体垃圾。炉渣进行填埋处理,占用了土地资源,而且会给土壤和地下水带来隐患。将炉渣制成空心砖、道板砖等系列建材产品,既可增加垃圾处理场的收入,减轻运行费用,又解决了炉渣的出路。美国、日本及欧洲一些国家将城市垃圾焚烧炉渣通过筛分、磁选等方法去除其中的黑色及有色金属。在获得适宜的粒径后与水、水泥及其他骨料按一定比例混合制成混凝土砖,已得到商业化应用。利用固体垃圾生产建筑材料在我国由来已久[①]。早在20世纪50年代,我国在利用粉煤灰煤矸石、炉渣制砖及陶瓷地砖方面就有所研究,随着近几年陶瓷、砖瓦技术和装备的不断开发,粉煤灰、煤矸石和炉渣在这一领域的利用也逐渐成熟。

第七节　垃圾焚烧发电政策与处理

一、垃圾焚烧发电政策

垃圾焚烧发电的支持政策主要包括国家扶持政策和地方扶持政策两个层面,下面分别予以介绍。

(一)国家层面的扶持政策

1.经济扶持政策

垃圾焚烧发电既是垃圾处理的一种途径,也涉及了循环经济和可再生能源的二次利用。这种"双重身份"为垃圾焚烧发电争取了更多国家政策法规的支持。具体来讲,政策扶持主要涉及以下几个方面。

(1)产品回购政策

在电网覆盖范围内,电网企业对垃圾焚烧发电项目的上网电量实行全额收购,调度机构对可再生能源发电实行优先调度。

(2)价格扶持政策

价格扶持政策具体包括:一是价格主管部门本着经济合理的原则,确定科学的上网电价,推动可再生能源的开发和利用;二是自2006年起,成功通过国家管理部门审批的垃圾焚烧发电项目,暂将1 t城市垃圾折算上网电量确定为280 kW·h,同时执行全国统一垃圾发电标杆电价0.65元/kW·h;其余

---

①王妍,张成梁,苏昭辉.城市生活垃圾焚烧炉渣的特性分析[J].环境工程,2019,37(07):172-177.

的上网电量与当地同类燃煤发电机组的上网电价相同。

（3）税收优惠政策

税收优惠政策一方面是增值税即征即退,国内自2001年1月1日起,允许垃圾发电企业的增值税可以即征即退。与此同时,也对相关企业垃圾焚烧发电项目提出了更高的要求,比如规范项目申报程序和生产排放标准,严格控制垃圾用量及其使用比例等。另一方面是明确营业税的征缴范围。据相关税收政策规定,由单位或个人提供垃圾处置服务所得的营业额不计入营业税的征缴范围。

（4）财政金融扶持政策

财政方面的优惠政策:①银行给予垃圾焚烧发电基础建设贷款项目2%的财政贴息,同时优先安排贷款资金;②对垃圾处理生产用电的电价给予优惠;对新建垃圾处理设施可采取行政划拨方式提供项目建设用地;③政府安排一定比例资金,用于城市垃圾收运设施的建设,或用于垃圾处理收费不到位时的运营成本补偿;④设立循环经济专项资金和可再生能源发展专项资金。

2.技术支持政策

垃圾焚烧发电属于高科技领域的研究项目。顾名思义,"高科技"一方面体现在技术安全研究方面,但这点在当前国内垃圾处理行业颇具争议;另一方面通过垃圾焚烧设备不菲的价格体现出来,居高不下的成本投资无形中加大了垃圾焚烧发电企业的经济负担。我国垃圾焚烧发电的技术政策主要围绕着技术规范和技术扶持两个方向展开。

（1）相关技术政策的制定

《生活垃圾焚烧污染控制标准》《生活垃圾焚烧处理工程技术规范》等,都对垃圾发电的技术标准做出了必要的要求和指导。

（2）技术扶持政策

目前,政府部门主要通过加大资金、科研等的投入来支持垃圾发电项目:①设立专项基金,加大可再生能源的科研开发力度,支持应用示范,进而以点带面,推进循环经济产业化发展,着力实现设备的本土化;②将发展循环经济和可再生能源开发利用体现在中央或地方的科技发展规划及高技术产业发展规划中,同时加大财政基金的投入;③在可再生能源开发和利用过程中,优先进行科研及产业化领域的发展。

3.社会支持政策

就目前的发展形势来看,垃圾焚烧发电已属于一种产业。它所涉及的除了技术进步和经济发展等问题以外,更多的仍是一种公共事业,而且能够反映许多社会性的问题。因此来自社会的支持才是垃圾焚烧发电产业长足发展的强大后盾。就全国形势而言,建立健全"垃圾分类制度"和"产生者负责、污染者负责制度"仍然是首要任务。

(1)垃圾分类制度

住房和城乡建设部颁布的《城市垃圾管理办法》中进一步明确了垃圾处理流程,即清扫、收集、运输、处置四个环节。对于垃圾的焚烧发电(即后期处理)而言,前端的垃圾分类收集通常对垃圾焚烧产业的长远发展具有重要意义。

(2)产生者负责、污染者负责制度

近几年来,我国始终坚持"谁开发,谁保护,谁污染,谁治理"的环保原则,在垃圾处置方面也奉行污染者或产生者负责的环保方针,这具体体现在我国《城市垃圾管理办法》《中华人民共和国固体废物污染环境防治法》等法律法规中。

"产生者负责,污染者负责"的制度,主要体现在垃圾前端减量及分类处置与后期处理上,具体通过前端防止垃圾产生以及后期垃圾处置有偿收费体现出来。垃圾焚烧发电企业主要通过提供垃圾处置服务获取利润,以此来支撑企业正常运营,因此,垃圾处置费用的多少在很大程度上决定了企业是否能长远发展。

(二)地方层面的扶持政策

自中央通过法律形式给予垃圾焚烧发电项目一系列优惠政策以后,各级地方政府纷纷响应中央的号召,结合本地区实际情况对城市垃圾焚烧发电项目给予了大量政策扶持。

第一,制定优惠政策的实施细则,认真贯彻落实各项扶持政策,减轻垃圾焚烧发电项目在具体实施过程中的技术、经济上的负担。

第二,对于垃圾供应环节,要组建一个完整的收运网络,保证城市垃圾持续、定量地供应;此外,还要完善城市垃圾分类管理体系和焚烧处置的分类收集体系,分类收集城市垃圾,有序进行垃圾焚烧的原料供应,提高焚烧发电效能。

第三,采用划拨方式供应项目用地。

第四,政府对城市垃圾焚烧场发电量按照国家规定的电价全额收购。

第五,对于灰渣的处理,政府应该在城建规划中开辟一定面积的场地(如垃圾填埋场)用于灰渣的处理;另外,调动环卫部定期清运垃圾焚烧后产生的灰渣。

第六,在税收上,地方政府部门要结合本地区的实际条件和垃圾焚烧项目进展情况,酌情减免本地区垃圾焚烧发电企业的耕地占用税、企业所得税、城市维护建设税、城镇土地使用税和营业税等税收费用。

第七,在行政管理上,可适当减免部分行政事业方面的费用,如城市供电入网费、市政设施挖掘占用费等。

第八,在不影响部门办公的情况下,尽量为垃圾焚烧发电企业办理各项营业手续开辟绿色通道,节省其待办时间。

第九,政府机构要充分发挥组织协调功能,处理好城市垃圾焚烧处理特许经营的各项事务,加大对此类发电企业的资金扶持力度,为企业的正常运作提供资金保障。

二、垃圾焚烧发电处理

(一)垃圾焚烧发电的意义

以往,垃圾被作为废物的象征,一般只被填埋处理,而忽视了其在资源化方面的利用,使其侵占了大量土地的同时,还很容易对周围的土壤、水质形成二次污染。由于我国工业化不断加快,对能源的需求也与日俱增,而通过垃圾焚烧发电,能够有效弥补人们对能源的需求,减少能耗,从而将垃圾处理的无害化、资源化、减量化贯彻到底,缓解在运输能源上的压力,并且能够优化我国能源的产业结构,降低对一次能源的依赖[①]。

(二)垃圾焚烧发电的基本流程

垃圾由运输车运至焚烧场,经地磅称重后,开至卸料大厅,卸至垃圾坑。垃圾坑容积可堆放 3~5d 的焚烧量,垃圾在坑内发酵、脱水后,由垃圾吊车将垃圾送入给料斗,并送入焚烧炉内燃烧。在垃圾贮坑的上部设

---

①胡桂川,朱新才,周雄. 垃圾焚烧发电与二次污染控制技术[M]. 重庆:重庆大学出版社,2011.

有一、二次风机的吸入口,垃圾贮坑内的臭气由一、二次风机送入炉膛内燃烧,一是可维持垃圾坑负压运行,防止臭气外逸;二是可将垃圾贮坑内的臭气在焚烧炉内进行热分解。燃烧的火焰及高温烟气,经自然循环锅炉,产生中温中压蒸汽,为汽轮发电机组提供汽源。锅炉、汽轮发电机组由中央控制室集中控制和监视。垃圾焚烧后炉渣落入捞渣机,经冷却后的炉渣转运到制砖厂综合利用。预处理电除尘器系统收集的飞灰不属危险废弃物,收集后转运到水泥厂或搅拌站等处综合利用。半干式烟气净化装置收集的飞灰属危险废弃物,输送到固化车间,经水泥固化养护检验合格后,运输至填埋场隔离安全填埋。垃圾渗滤液经处理达标后排放。

(三)垃圾焚烧发电的优势

通过焚烧进行发电有着相较于其他处理方式独有的优势,具体内容如下:①减容效果好。当垃圾被焚烧后,其体积会缩小80%~90%,节省了相当大的空间。②消毒彻底。焚烧的温度足够高,能够使得垃圾中的有害成分被高温完全分解,那些能够致癌致畸的病原菌、污染物和剧毒有机物能够被彻底消灭。③减轻或消除后续处置过程对环境的影响。通过焚烧,城市垃圾中的污染物质被高温消灭,渗滤液中的污染物浓度大大降低,并且有效减少了可燃气体、恶臭气体的排放,例如甲烷、硫化物等,对臭氧的伤害小,缓解了全球温室效应。④有利于实现城市垃圾的资源化。通过高温焚烧,热能被锅炉吸收,从而转化为蒸汽,能够用作供热和发电。⑤可全天候操作。焚烧处理避免了天气的影响,无论天气恶劣与否,都能够顺利进行处理。⑥焚烧场占地面积小。这就使得焚烧场可以建在靠近市区的位置,对城市空间的占用小,还能节省运输成本。

第六章　城市垃圾处理新技术与管理

第一节　城市垃圾生物处理技术与管理

城市垃圾除了用前文阐述的技术进行处理外,还可以通过其自身有机物含量的增高,而采用生物技术进行转化或者降解,从而在高效处理垃圾的情况下,实现资源的再利用。可以说,生物处理技术有着相当广阔的前景,备受社会关注。

一、城市垃圾生物处理的新技术

(一)好氧处理技术

好氧生物处理是一种在有氧条件下,利用好氧微生物使有机物降解并稳定化的生物处理方法。城市垃圾中通常含有大量的生物组分的大分子及其中间代谢产物,如纤维素、碳水化合物、蛋白质、脂肪、氨基酸、脂肪酸等,这些有机物一般都较容易为微生物降解。在好氧生物降解过程中,有机废物中的可溶性小分子可透过微生物的细胞壁和细胞膜而为微生物直接吸收利用,而不溶的胶体及复杂大分子有机物,则先被吸附在微生物体外,依靠微生物分泌的胞外酶分解为可溶性小分子物质,再输送入细胞内,为微生物所利用。微生物通过自身的生命活动——新陈代谢过程,把一部分有机物氧化分解成简单的无机化合物,如 CO_2、H_2O、NH_3、PO_4^{3-}、SO_4^{2-} 等,从中获得生命活动所需要的能量;同时,又把另一部分有机物转化合成新的细胞物质,使微生物增殖。

(二)生活有机垃圾"消灭型"的微生物菌群

在我国科研人员的努力下,顺利开发出了一种能从源头上使城市垃圾中的有机垃圾被处理的方法。

科研人员从自然界筛选出一组能分解生活有机垃圾的细菌,再对以上微生物进行生长温度、耗氧需求、耐盐性、pH适应范围、营养要求以及菌种的生活特点等进行研究，经组合获得了"生活有机垃圾消灭型"的微生物菌种。这种菌种能产生许多种酶，从而使大分子物质(有机垃圾的主要成分)分解成能被微生物利用的低分子物质，微生物摄取这些低分子物质后，将其变成 CO_2 和 H_2O，以气体和水汽的形式排出。

该菌种具有快速分解能力，12~20 h 就可将垃圾全部分解，减量率为95%。菌种一次投入，有效期为4~7个月。对一些顽固性废弃物，如虾蟹壳、鸡鸭毛、笋壳、老菜头有较强的分解能力。菌种在 15 ℃~70 ℃ 温度范围内都能适应，耐盐度达7%，即使长期投入含盐高的泔脚也不受影响。菌种 pH 范围在 4~9，适应范围广。

该菌种经上海和北京环境检测中心权威部门鉴定为无毒、无害，遗传稳定，对活体和生态是安全的。这种以从自然界分离、筛选得到的菌群为主要力量的，现代高科技生物技术，为城市生活垃圾的处理提供了一种新的方式。

处理过程基本达到了污染零排放，处理后的残余物可作为优良的有机肥用于土壤改良，用于作物栽培或城市绿化，达到了国际先进水平。

(三)MSW生物处理技术

MSW生物处理技术主要是在一定的控制条件下，利用微生物使有机物发生生物化学降解，形成一种稳定的化合物的过程。微生物对垃圾中有机物降解的快慢、对有机成分降解的程度直接决定着垃圾处理周期的长短和处理效果的好坏，在MSW处理过程中起着决定性的作用。MSW生物处理的优劣取决于微生物自身的结构、所处环境下的代谢状况。目前有很多学者在此方面做出了很大的努力，通过分析某种处理环境下微生物的特性、采用多种方式改变工艺中微生物的数量，质量等，开发出了多种MSW生物处理技术，如强化微生物(强化接种、添加微生物菌剂、微生物固定化)以及基因诱变等技术。

1.强化微生物处理技术

强化微生物处理技术是从改变工艺中单位反应器空间内微生物的质量或数量的角度来增强MSW的降解率，从而提高处理效率，缩短处理周期。

2.强化接种处理技术

纯种分离后还要将微生物接种到垃圾中进行生物处理,但由于接种微生物的生存环境发生了变化,故在微生物适应周围环境前,处理效率达不到理想的效果,因而直接在垃圾中进行微生物接种的处理效果应好于微生物纯种分离后再接种的处理效果。

微生物对垃圾的降解是在多种微生物的协同作用下完成的,在适宜的条件下,微生物协同作用能力的大小取决于微生物种群的大小与结构的稳定性。一般说来,微生物的种群越大,其自动调控能力越好,适应性就越强,结构越稳定。经垃圾渗滤液循环或向待处理的新鲜垃圾中加入一定比例的垃圾腐熟物进行强化接种培养后,微生物的种群扩大,且循环次数越多,微生物的数量和种群就越大,更有利于对垃圾的降解。

3.添加微生物菌剂

单一的细菌、真菌、放线菌群体,无论其活性多高,在加快垃圾生物降解进程中的作用都比不上复合微生物菌群的共同作用。微生物菌剂是采用分离、筛选出的有效微生物,配合一定的处理工艺和设备,通过合理地调配各种有效微生物的含量,进行筛选、培育MSW生物处理的高效复合微生物菌剂,进而调节菌群结构,提高微生物降解活性及微生物降解有机成分的效率。在复合微生物菌群中,既有分解性细菌,又有合成性细菌;既有纤维素分解菌、真菌,又有放线菌。向工艺中添加复合微生物菌剂,不仅增加了工艺中微生物的初始浓度,而且改善了工艺中微生物的种群结构。作为多种细菌共存的一种生物群落,依靠相互间共生增殖及协同作用,代谢出抗氧化物质,生成稳定而复杂的生态系统,使得整个生物降解过程中微生物数量保持相对稳定,处理效果较佳。

二、城市垃圾生物处理的新技术展望

(一)生产醇类

城市垃圾中含有纤维素、淀粉和糖等有机质,微生物厌氧代谢这些有机物时,可产生一些例如乙醇、甲醇等醇类高效燃料。乙醇可用以稀释汽车用油或其他发动机用油,使功效提高10%～15%。巴西、美国早已成为利用糖类、谷物淀粉类和纤维素类发展燃料酒精的典范,美国乙醇燃料的总装置能力达到约840万 t/a。英国、荷兰、德国、奥地利、泰国、南非等许多国家已制定规划,积极发展燃料酒精工业。目前的方向是,希望利用含纤维素物质如锯末、蔗渣、破旧报纸、有机垃圾等废物制取酒精。采用微生物酶制剂对有机垃圾酶解后,用酒精酵母对有机垃圾进行厌氧发酵生产乙醇。结果表明,在适宜的条件下,每吨垃圾可生产 70~90 L 乙醇,这为城市有机垃圾的再生利用、发展新能源找到一条新的途径。

(二)生产氢气

氢是目前最理想的清洁燃料之一,每千克氢燃烧可放出 142 MJ 的热量,是煤的 3~4 倍。生物制氢思路于 1966 年提出,在 20 世纪 90 年代受到空前重视,其中微生物发酵法是一种有前景的氢气制备方法。许多微生物类群具有可降解大分子有机物产氢的特点,因而可以利用城市垃圾中的植物茎叶、家庭厨余等可再生能源废弃物产生大量氢气。产氢气的微生物有异养微生物和自养微生物。氢气产生菌产生的氢气,目前主要应用于燃料电池方面。如产气荚膜梭菌在含有葡萄糖培养基的 10 L 发酵罐中,产氢气速度最高可达 18~23 L/h,并进而利用所产生的氢气推动 3.1~3.5 V 燃料电池的工作。

由于微生物的产氢机制和条件还在研究中,所以该类微生物能源的使用尚处于试验阶段。需要解决的问题是寻找和筛选活性菌株,解决分离氢和氧的方法等。中科院微生物研究所已经筛选出了产氢活性较高的菌株,并对其产氢活性进行了研究。

(三)合成微生物塑料

聚 β-羟基烷酸(poly-β-hydroxyalkanoates,PHAs)是许多原核微生物在不平衡生长条件(如缺乏氮、磷、氧等)下合成的胞内能量和碳源储藏性聚合物。PHAs 具有与化学合成塑料相似的性质,能拉丝、压模、注塑等,而且具有化学合成塑料所没有的特殊性能,如利用其生物相容性可作为外科手术缝线、人造血管和骨骼替代品,术后无须取出。因而,其在工业、农业、医药和环保等行业都具有广阔的应用前景。

PHAs 可以用可降解的有机固体废弃物合成,而城市垃圾中含有大量可降解的有机固体废弃物,从目前已获得的研究成果可以展望,利用城市垃圾合成 PHAs 是生物合成 PHAs 的一条新途径,它的研究将受到人们的广泛重视,在 21 世纪将有可能成为塑料工业发展的一个新方向。

垃圾处理是城市可持续发展必须解决的一个重大问题,处理的目的是使垃圾资源化、减量化、无害化。微生物在垃圾"三化"中起着重要作用,利用微生物降解垃圾中的有机物,不仅投资和运行费用低,处理效率高,而且可获得许多有用的副产品,如沼气、饲料、蛋白、酒精等。近年来,随着环境生物技术的发展,在生物处理方面出现了不少新技术、新方法,它们的可行性和有效性也逐渐增强,正成为垃圾处理的发展方向之一。就目前而言,我国应在大力发展适合我国国情的垃圾卫生填埋和垃圾堆肥处理技术的同时,加大利用有机垃圾生产生物能源(燃料酒精、沼气、生物制氢等)的研究力度,加强对降解有机垃圾的高效微生物菌剂的研究。随着垃圾微生物降解机理研究的进一步深入,会有更为有效的微生物处理工艺使垃圾真正成为可利用资源①。

第二节 城市垃圾热解技术与管理

依据《"十三五"全国城镇生活垃圾无害化处理设施建设规划》(以下简称《规划》),焚烧已成为我国大中型城市生活垃圾处理的主流工艺。焚烧技术处理范围广、资源化程度高、处置过程污染可控、经济效益显著,可以认为是当前最适合我国生活垃圾现状的处置工艺。但是,由于投资和运营成本较高,《规划》也明确提出"不鼓励建设处理规模小于300 t/d的焚烧处理设施"。目前在人口规模30万以内、垃圾清运量300 t/d以下的中小城市和县城地区,垃圾无害化处理主要依靠卫生填埋,生活垃圾高效处理需求和设施缺口较大。城市固体废物处置行业正在探索可满足小体量垃圾处置需求、投资小、污染排放水平与焚烧技术持平的其他工艺,成为焚烧技术的有效补充,实现生活垃圾清洁、高效、能源化处理。

一、生活垃圾热解技术简介

依据斯坦福研究所提出的较严格的定义,热解技术是在不向反应器

①尹晶晶. 城市生活垃圾分类视域下的生态文明建设研究[J]. 未来与发展,2019,43(11):18-22+17.

内通入氧、水蒸汽或加热的一氧化碳的条件下,通过间接加热使含碳有机物发生热化学分解,生成燃料(气体、液体和炭黑)的过程。近年来,随着人们生活水平的提高,生活垃圾中纸张、塑料、合成纤维等所占比重日益增长,这使得通过热解生活垃圾获得燃料成为一种新的垃圾资源化方式。

生活垃圾热解是在无氧的条件下,通过加热手段使其中大分子有机物发生化合键断裂、异构化和小分子有机物发生聚合等反应,最终使大分子有机物转化为小分子气体燃料(CO、H_2等)、液体燃料(有机酸、芳烃、焦油)和活性焦(生物炭、炉渣)的反应过程。根据以上反应机理,可以看到生活垃圾经热解处置后可以产生经济附加值较高的终端产品。同时热解过程因为全程无氧,在二噁英等污染物控制方面有较大优势。这些优势也使热解技术成为目前生活垃圾资源化领域的研究热点之一。

二、生活垃圾热解处理工艺

(一)生活垃圾特性

以上海市生活垃圾为研究对象,通过对上海市生活垃圾末端设施的采样得到生活垃圾理化特性数据见表6-1和表6-2。

表6-1　上海市垃圾干基分析表

元素	含量	参数	数值
C	51.81(wt%)	挥发性物质	82.28(wt%)
H	5.76(wt%)	固定碳	11.79(wt%)
O	35.88(wt%)	灰分	5.93(wt%)
N	0.26(wt%)	低热值	21306 kJ/kg
S	0.36(wt%)	表观密度	280.5 kg/m³

表6-2　上海市垃圾物料组成表

组分(%)									含水率(%)	容重(kg/m³)
厨果类	纸类	橡塑类	纺织类	木竹类	灰土类	砖瓦陶瓷类	玻璃	金属		
54.14	14.81	22.87	3.97	0.74	0.20	0.11	2.25	0.97	60.59	312.75

从以上数据可以看出:①垃圾样品含水率较高,在60%左右,由于热

解技术是纯外加热工艺,处置过程需要外部能源输入,因此进入热解反应器的垃圾含水率应尽量降低,在降低含水量过程中也应该注意恶臭控制;②垃圾样品干基中挥发分含量较高,为82.28(wt%),适合应用热解工艺进行处理;③垃圾样品中的橡塑类成分较多,这一部分物质提高了生活垃圾样品的整体热值,但其中的S、Cl等元素也存在污染隐患;④垃圾样品中含有部分玻璃、金属、砖瓦类无机物质,无法形成能源化产品,为保证系统热效率,应在预处理环节尽量筛分出来。

通过对上海市典型垃圾样品的分析,可以判断,现有生活垃圾已具备热解处理的基本条件。生活垃圾热解处理的废渣中仍存在较多重金属物质,因此,通过热解处理生活垃圾获得的生物炭的资源化路径仍需研究。

(二)预处理系统

预处理系统能够根据垃圾本身的特性,进行降水和破碎,然后将可燃部分分选出来。这一过程能够保证全系统能源的输出效率,并且符合环保要求。当可燃部分分选出来后,需要破碎处理到颗粒大小约为30 mm,同时进行下一步的烘干,使其脱水后的含水率在20%~30%。一般情况下,原生物料在完成分选和破碎环节后,含水率仍然有大约50%,因此烘干环节会造成大量热能的损耗。出于节约能源的考虑,需要在进行烘干之前就通过能耗较低的方法让物料的含水率降低,通常是采用压榨脱水工艺。这种脱水工艺操作方法方便,在管理上也十分简单。

预处理最大的局限就是它的单机量产很有限,如果要处理大量的物料,就需要同时开启多台机器工作,并且设备容易遭到磨损,维护成本较高。

(三)热解炉

这里以回转式热解炉作为阐述重点进行叙述。这种热解炉在结构上十分简单,并且能一次性处理大量的垃圾,操作简单方便,在工作中的传热损失小,能够高度自动化,在处理城市垃圾方面十分合适。这种热解炉针对高水分、高黏性与高持水性等特点,有着专门的设计,主要具备以下几个特点:第一,热容量系数大,热效率高。通过破碎搅拌装置和圆筒回转的复合效果,使总传热系数提高至普通回转炉的2~3倍。物料和热风的接触面积增大,可以防止热风短路,使热风的热量得到充分利用。

第二,运转、操作容易。该设备配备了自动控制系统,燃烧器具有大、小火头燃烧方式。转筒末端设有温度传感器,通过温度传感器控制燃烧器火头的大小转换,从而控制转筒内部的温度,防止温度过高造成垃圾焦化。转筒的转速可通过控制柜进行调节。第三,破拱、振打装置,有效地解决了物料同机体、扬料装置相互黏结及烘干过程中物料结块、运动受阻的问题[①]。

(四)燃烧室

从回转炉排除的合成气中含有大量的可燃气体和气态焦油成分,可以在燃烧室中进一步燃烧,燃烧温度可高达 1100 ℃ ~ 1200 ℃。为了使危险废物充分分解,破坏废物中的二噁英类物质,燃烧室的燃烧控制采取国际上通用的"3T+1E"原则。"3T+1E"原则控制的重要指标如下:①燃烧室烟气温度控制在 850 ℃以上;②燃烧室烟气停留时间 > 2 s;③燃烧室烟气需要充分搅动;④燃烧室烟气出口 O_2 含量为 6% ~ 10%,$CO < 50$ mg/Nm³;⑤自动燃烧系统保证稳定燃烧。经过燃烧室后的高温烟气分成两股,其中一部分烟气回流至回转炉用于间接加热,换热后烟气和另一部分高温烟气一起进入余热锅炉系统。

(五)余热锅炉和汽轮机发电系统

配设一台余热锅炉用于吸收利用高温烟气,生产出汽轮发电机所需的过热蒸汽。余热锅炉由锅筒、活动烟罩、烟道、加料管槽(下料溜槽)、氧枪口、氮封装置及氮封塞、入孔、微差压取样装置、烟道的支座和吊架等组成。余热锅炉共分为六个循环回路,每个循环回路由下降管和上升管组成,各段烟道给水从锅筒通过下降管引入各个烟道的下集箱后进入各受热面,水通过受热面后产生蒸汽进入进口集箱,再由上升管引入锅筒。

由于目前国家政策鼓励生物质资源化发电并网,而且不受电网调峰影响,因此售电收入是生活垃圾热解工艺的主要经济来源,应考虑将合成气燃烧产生的热能转化为电能。

(六)除臭工艺

采用液体吸收和生物处理的组合作用。废气首先被液体(吸收剂)有

---

① 辛馨,李建芬,程群鹏等. 城市生活垃圾热解过程中 HCl 气体排放特性[J]. 应用化工,2019,48(06):1331-1335.

选择地吸收形成混合污水,再通过微生物的作用将其中的污染物降解。该方法的优点是对中、低浓度有机废气进行处理,具有适应性强,投资、运行费用低的优点,但对气体污染物的水溶性和生物降解性有一定要求。

(七)烟气净化系统

烟气净化采用"旋转喷雾半干法+碳酸氢钠干法+活性炭喷射+袋式除尘器+SCR"的处理工艺。烟气处理工艺流程如下:余热锅炉出来约195 ℃的烟气从喷雾反应塔顶部进入塔内,同时配制好的石灰浆液经高速旋转的雾化器均匀喷入反应塔。石灰浆与热烟气流中的HCl、SO_x、HF等酸性气体进行反应,喷射的石灰浆液蒸发并将烟气冷却到140 ℃ ~ 160 ℃,生成干燥粉末状反应物$CaCl_2$、CaF_2、$CaSO_3$、$CaSO_4$等。该冷却过程还使二噁英和重金属产生凝结。反应生成物中的一部分从反应塔底部排出,一部分随着烟气从位于反应塔中间的烟气管道离开喷雾反应塔。

在烟气进入袋式除尘器之前,向烟气中喷射活性炭粉末和碳酸氢钠粉末。碳酸氢钠粉末与酸性气体反应效果好,能有效去除半干法处理后烟气中剩余的酸性气体。活性炭粉末能够吸收烟气中的重金属,以及二噁英、呋喃等污染物。

烟气夹带固体粉末进入袋式除尘器,在袋式除尘器中,烟气中的酸性气体继续和碳酸氢钠反应,活性炭继续吸附烟气中的重金属和二噁英。各种颗粒(包含烟气中的烟尘,凝结的重金属、反应生成物、反应剂以及吸附后的活性炭)附着在除尘器滤袋表面,经压缩空气反吹排入除尘器灰斗。

除尘后的烟气进入蒸汽烟气加热器(SCH),被低压蒸汽加热到170 ℃后,再进入SCR反应塔,烟气中剩余的NO_x在低温催化剂的作用下与氨气反应,得到进一步去除,净化后的烟气经引风机排入烟囱进入大气。

总的来看,垃圾热解处理工艺流程如下:首先,城市垃圾由储存、分拣、破碎等环节进行预处理,接下来送入回转式热解炉进行炭化处理。当热解后的垃圾成了炭,可以当作资源和燃料进行回收,而产生的热解气直接接入燃气炉燃烧。在燃烧时会生成高温烟气,将其中一部分通入余热锅炉系统来发电,剩下的给入回转炉,继续为热解炭化提供能源。

而经过换温之后的低温烟气则可通入余热锅炉系统预热蒸汽。最终,在出口的烟气经过一系列的脱酸、除尘、脱硝等后排入大气。

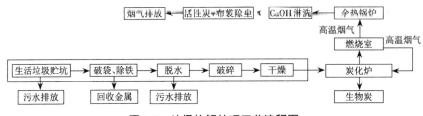

图6-1　垃圾热解处理工艺流程图

第三节　生活垃圾综合处理园区规划与建设

一、生活垃圾综合处理园区定义

生活垃圾综合处理园区的概念来源于"静脉产业园区"。静脉产业(Venous Industry)一词最早由日本学者提出。环境保护部(现为生态环境部)在2006年发布的《静脉产业类生态工业园区标准(试行)》(HJ/T 275—2006)对静脉产业的定义如下:以保障环境安全为前提,以节约资源、维护环境为目的,运用先进的技术,将生产和消费过程中产生的废物转化为可重新利用的资源和产品,实现各类废物的再利用和资源化的产业,包括废物转化为再生资源及将再生资源加工为产品两个过程。静脉产业的发展有企业、园区和区域三种空间形式,其中静脉产业园区是静脉产业的最佳实践形式,是以资源再生利用企业为主建设的生态工业园区。

生活垃圾综合处理园区实质上是一种以生活垃圾处理处置为核心的静脉产业园区,是"生活垃圾类静脉产业园区",业内一般又称之为"环境园""固体废物循环经济产业园区"。"生活垃圾综合处理园区",这一概念在建设部、国家发展和改革委员会、环境保护部于2010年4月22日联合发布的《生活垃圾处理技术指南》中首次提出,是指以生活垃圾处理处置设施为核心,并在周边设置各类资源再生利用设施,提供城市固体废物综合解决方案,以在园区内实现对城市各类固体废物的资源化利用及最终处置;在园区内进行系统布局、优化设计形成的技术先进、环境优美、基本实现污染物"零排放"的环境友好型固体废物处理综合基地。

二、园区规划与建设

(一)选址分析

生活垃圾综合处理园区的物料具有来源分散但固定、理化特性不确定且变动大、运输过程污染风险高等特点,处理技术应以焚烧和填埋为主、其他技术为辅,这决定了生活垃圾综合处理园区选址要尽量靠近城市,与主要道路衔接通畅,保证各类垃圾原料运输畅通。例如,苏州光大国家静脉产业示范园区位于苏州市吴中区木渎镇七子山垃圾填埋场北侧、宝带西路南侧,距苏州市中心约13 km。京沪高速公路、苏嘉杭高速公路、苏绍高速公路京沪铁路及多条国道、省道从境内通过,交通条件便利。

从处理对象的角度考虑。园区内处理对象以生活垃圾为主、以再生利用产业产生的其他废弃物为辅,应尽量利用现有垃圾填埋场进行规划设计,这样既可以利用现有运输系统,又可以延长填埋场使用年限。目前,国内规划运行或已经运行的多个生活垃圾综合园区基本上都是依托已有的填埋场或者是焚烧场开展建设,比如上海老港固体废物综合利用基地选址在老港填埋场及周边区域、杭州天子岭静脉产业园区选址在天子岭填埋场及周边区域、苏州光大环保静脉产业园区选址在七子山填埋场及周边区域。

从污染物控制的角度考虑。园区内有焚烧场、填埋场、其他类型处理设施以及循环利用设施,产生的废气、废水对空气、地表水、地下水都将会带来一定影响,因此园区的建设应遵循单个设施选址的要求。此外,由于综合园区处理对象规模大、污染类型多样,如果重新选址可能遭受较大的公众压力,因而宜在原有的垃圾处理设施原址建设或在其附近选址。

(二)用地控制

生活垃圾综合处理园区占地面积大、辐射范围广,必须纳入土地利用总体规划、城市总体规划和近期建设规划,纳入城市黄线控制范围(城市黄线是指对城市发展全局有影响的、城市规划中确定的、必须控制的城市基础设施用地的控制界线），并为其预留足够的建设用地和防护距离。园区的用地控制主要考虑两方面因素：第一，园区功能定位和收纳区域固体废物增长幅度。园区功能定位决定了内部设施的类型，固体废物增长幅度决定了园区在一定期限内需要受纳的固体废物量，二者对园区的用地需求产生影响。此外，还要考虑预留一定的用地量以应对未来可能发生的变化。第二，为了减缓园区不同处理利用设施的污染综合效应，须对园区污染排放进行综合环境影响评价，以确定园区防护距离和缓冲距离。

（三）规划布局特征

1.产业链耦合

静脉产业通过固体废物物流或能流传递等方式把不同处理处置企业或单元连接起来，形成共享资源和互换副产品的产业共生组合体。所以生活垃圾综合处理园区要建立"生活垃圾—工业废物—危险废物"的综合集中处置布局，发展"废物—分解/分选—再生/回收""废物—综合处理—填埋处置—土地再生"的固体废物物质循环和"化学能—热能—电能"协同"光能—风能"的能量循环，提出"综合处理—回收利用"的策略，使基地内某一固体废物处理单元（设施）的产物成为另一单元（设施）的原料或能源，以实现物质闭路循环、能量多级利用、二次污染最小化和土地利用集约化等目标。

2.组团式、单元式布局

生活垃圾综合处理园区内处理的垃圾对象包括生活垃圾、污泥、餐厨垃圾、工业固体废物等多种物料。各种垃圾的特性和处理方式存在差异，部分垃圾存在潜在的污染风险，如臭气、渗滤液、TVOC危险废弃物等，因此园区处理设施的空间布局要按照同种物料相对集中、污染类型相对相似的原则进行组团布局。同时，为避免产生二次污染，保护园区的生态环境，减少生产区及最终处置区对园区其他功能区的影响，园区的生产单元之间应规划绿化带，形成单元式布局结构。

3.以最终处理设施规划为核心

生活垃圾综合处理园区与循环经济工业园、再生资源加工区的区别主要在于废弃物的最终无害化处置。最终处置设施规划在园区规划中占有举足轻重的地位，其规划布局的合理性直接影响园区的环境效益和生态效益。此外,生活垃圾综合处理园区的最基本也是最主要的功能是使城市生活垃圾无害化,在规划上要以各种处理设施的规划布局为核心。

(四)功能分区

生活垃圾综合处理园区主要是在生活垃圾无害化处理的功能上拓展资源再生利用、装备研发制造等功能。近年来,园区建设还强调科普教育、科研实证等功能。功能区分类如下。

1.生活垃圾处理区

生活垃圾处理区主要承担园区内基本的生活垃圾处理处置和污水处理等功能。一般包括生活垃圾焚烧发电、填埋,餐厨垃圾处理,污泥处理,工业固体废物处理,生活垃圾分选和综合处理等功能。

2.资源再生利用区

资源再生利用区主要承担废旧轮胎、报废汽车、荧光灯管、包装桶、废旧纸板、废弃混凝土块等的再生利用功能。

3.科普宣传教育功能区

近年来,园区建设非常重视科普宣传教育功能,科普宣传教育功能区主要承担园区教育培训、宣传展示等功能,可利用封场后的场地建设公园、科普场馆进行宣传教育。例如,北京市鲁家山循环经济产业园设置的科普展示区在对园区规划、技术进行介绍的同时,还对生活垃圾处理的知识、发展历程进行展示,对于促进公众对生活垃圾处理的正确认知起到了良好作用。其他一些城市如上海、深圳也在园区内设置了类似的科普教育区域。

4.综合管理区

综合管理区主要为各企业提供配套服务设施,包括园区管理、产品展销、信息交换、实时监测等。生活垃圾综合处理园区功能以垃圾处理处置为主,其综合管理区侧重于园区管理和实时监测监管。

5.科研实证区

园区作为城市生活垃圾处理和再生利用的集中处理场所,在当前生活垃圾技术和产业快速发展的背景下,可以承担各类环境资源再利用技术和最终处置技术领域的实验室成果扩大化研究和集成创新功能。一方面,园区的建设能够提高固体废物科研单位和机构利用园区物料和场地进行中试创新的能力,提升技术成果的实用性;另一方面,园区通过加强具有设施依赖性的固体废物填埋、焚烧、污染物控制等核心领域的研发创新,壮大以技术研发、产品中试与评估、成果转化为核心的试验转化功能。同时,园区还辅助企业开展固体废物处理设施设备的新产品研发活动和引进技术的本土化研究活动。例如,上海老港固体废物综合利用基地在已封场的前几期填埋场上规划布局了科研实证区。

(五)物流能量流规划

1.基本思路

按照物质能量流动的层次特点,生活垃圾综合处理园区大概可以包括三个层面的循环:园区与社会间的大循环、园区内不同设施间的中循环、设施内不同工艺间的小循环。

(1)大循环

大循环即园区与社会之间的物质和能量循环。社会流通的商品失去使用价值后进入园区,经过园区内部处理,形成电力、燃气、油料、肥料、建材、塑料等再生材料,返回到社会商品加工体系,随后经过生产加工供社会再度使用。

(2)中循环

中循环即园区内不同设施之间的物质和能量循环。将园区内不同设施的内部循环作为园区建设的重点,包括生活垃圾产能的内部综合利用、有机质的内部利用、废水的集中处理等。

(3)小循环

小循环即单个项目内部的工艺衔接和物质能量的循环。如垃圾热力电厂产生电力可供自身运营使用,废油脂处理产生的生物柴油可为其工艺提供热源等。

2.物质流

物质流主要指固体废物在贮存设施、中转设施、分选/加工/回收设施、处理处置等设施中的传递和分配情况。若对固体废物流活动进行有序的计划、组织、指挥、协调、控制和监督,则可以实现固体废物流间的协调传递与合理配置。例如,对各类生活垃圾、工业垃圾、有害垃圾,污泥等固体废物物料进行分选预处理、分类回收、加工、处理和处置等活动,具体如下。第一,对各类固体废物及开挖矿化垃圾进行分类、分选、拆解后,回收塑料、橡胶、玻璃、金属等材料。此外,垃圾焚烧、生化处理残渣及矿化垃圾可用作建材基料。第二,利用焚烧分类后的干垃圾、干化污泥、危险废物等高热值垃圾进行发电。第三,利用分类后的湿垃圾、餐厨垃圾、渗滤液等高有机质浓度垃圾进行厌氧产沼气。第四,渗滤液、烟气、臭气等二次污染物经污染控制设施处理后达标排放。第五,焚烧飞灰、不可回收固体废物、不可降解残渣等最终处置物质在基地内实现终端填埋处置。

3.能量流

生活垃圾综合处理园区集中了焚烧热电、生物制气、沼气发电、余热利用等能源化设施,并在高效产能、节能低耗等方面展开了技术研究,在此基础上构建了生活垃圾生物质能梯级利用成套技术体系。与此同时,园区内及周围聚集了大量的用能单位、设施和居民,厌氧沼气经提纯后可以用于发电、制备车用燃气,供自卸车、巡逻车、收集船、打捞船等使用;填埋气发电和焚烧热发电提供园区内管理用电、固体废物分选/加工回收/处理处置设施用电,并对外供电;发电余热则可供园区用水加热、厌氧设施保温、污泥干化等。此外,园区还可以给附近居民提供热能。基地内部集成了大量的供能和用能单位与设施,通过应用分布式供能技术,可实现能源利用效率最大化。

从中远期看,园区通过风、光互补发电技术进行智能微电网建设,构建以园区内可再生能源供能为主,外部能源输入为辅的低碳能源系统,最终建成物质流、能量流、信息流相协调的循环经济园区。

三、发展趋势

(一)生活垃圾综合处理园区建设势在必行

目前,建设生活垃圾综合处理园区已经引起社会的极大关注,并且有着相当广阔的发展空间。通过建设、管理和运行大型、超大型垃圾焚烧处理设施,能够在节省城市占地的基础上,降低对周围居民区的影响,并且通过合理规划和相应的技术支持,能够减小建设、规划、征地等方面的压力;同时,还能够保障、稳定垃圾焚烧处理设施建设和运行的社会环境,有利于采用先进的垃圾处理工艺、技术、设备和管理方式,保障设施运作的安全性、可靠性和环保性。另外,把生活垃圾、餐厨垃圾、建筑垃圾等多种类型垃圾处理设施建在一个园区内,便于污染综合控制、能源集成利用和废物多级调度。

(二)大型集团公司积极参与

目前我国生活垃圾处理行业发展存在土地和资金两大瓶颈。在资金方面,可以通过向社会招标、特许经营等方式筹集资金投入建设,而在土地方面,可以通过规划静脉产业园区,来解决项目征地问题。

就目前而言,已经在固体废物行业内发展起来的几个大型集团公司都在着力打造自己的静脉产业园区模式,通过静脉产业园区的建设运营,在建设阶段带来工程和设备收入和在后期阶段贡献的运营收入①。

---

①李善奎. 基于 DPP 模式下的城市生活垃圾治理研究[D]. 南京:南京航空航天大学,2019.

参考文献 ◄◄◄◄◄◄

[1] 鲍星海.城市生活垃圾处理的学习与借鉴[J].科学大众(科学教育),2019(01):194.

[2] 边策.防治城市垃圾污染的哲学思考及政策研究[D].锦州:渤海大学,2014.

[3] 陈玲玲.城市生活垃圾的处理方法及应用[J].环境与发展,2020,32(04):86-87.

[4] 陈雨.城市生活垃圾处理技术现状与管理对策[J].节能与环保,2020(03):26-27.

[5] 东野广浩,王霈源,李硕.一款基于真空管道运输技术的公共垃圾桶[J].科学技术创新,2019(25):165-166.

[6] 胡春芳.我国城市生活垃圾分类处理现状及推进对策[J].环境与发展,2020,32(03):59+62.

[7] 胡桂川,朱新才,周雄.垃圾焚烧发电与二次污染控制技术[M].重庆:重庆大学出版社,2011.

[8] 孔小蓉.城市生活垃圾分类收集管理的对策探讨[J].低碳世界,2017(08):42-43.

[9] 李炳辉.城市环卫车调度系统建模与控制策略的研究[D].合肥:合肥工业大学,2018.

[10] 李德贤.新型强磁选组合设备的研发及应用[J].科技风,2020(12):11.

[11] 李钢.城市生活垃圾处理常见技术分析[J].科技与创新,2019(24):131-132.

[12] 李善奎.基于PPP模式下的城市生活垃圾治理研究[D].南京:

南京航空航天大学,2019.

[13]　刘嘉玮.低碳视角下城市生活垃圾资源回收体系分析[J].资源节约与环保,2020(02):108.

[14]　刘兴帅.城市垃圾焚烧飞灰制备轻质碳酸钙及重金属迁移研究[D].徐州:中国矿业大学,2019.

[15]　邵光辉,陈相宇,崔小相.微生物固化垃圾焚烧灰渣强度试验[J].林业工程学报,2020,5(01):171-177.

[16]　史峰雨.中国经济增长和城市生活垃圾排放脱钩关系的区域差异性研究[J].中国经贸导刊(中),2020(04):100-102.

[17]　司军.探究城市生活垃圾处理存在的问题及其对策[J].环境与发展,2020,32(03):64-65.

[18]　王国琦.城市生活垃圾焚烧发电技术及烟气处理[J].中国新技术新产品,2020(04):131-132.

[19]　王旻炟,张佳,何皓.城市生活垃圾处理方法概述[J].环境与发展,2020,32(02):51-52.

[20]　王妍,张成梁,苏昭辉.城市生活垃圾焚烧炉渣的特性分析[J].环境工程,2019,379(07):172-177.

[21]　温雪霞.浅谈垃圾转运站及垃圾收集点升级改造与管理[J].资源节约与环保,2019(06):114.

[22]　辛馨,李建芬,程群鹏.城市生活垃圾热解过程中HCl气体排放特性[J].应用化工,2019,48(06):1331-1335.

[23]　辛元元.垃圾处理及大气污染治理技术探究[J].现代工业经济和信息化,2019,9(02):54-55.

[24]　徐金妹,陈毅忠.城市生活垃圾焚烧发电厂渗滤液处理技术及展望[J].科技经济导刊,2019,27(23):92-93+97.

[25]　杨港.浅议城市生活垃圾清运的困局和出路[J].农家参谋,2018(11):212.

[26]　尹晶晶.城市生活垃圾分类视域下的生态文明建设研究[J].未来与发展,2019,43(11):18-22+17.

[27] 张海霞.关于垃圾分类收集的经济效益分析[J].中外企业家,2020(01):205.

[28] 张红,李纯.国际科技动态跟踪 城市垃圾处理[M].北京:清华大学出版社,2013.

[29] 张淑琴,张绅,李晓杰.城市垃圾渗沥液处理技术和发展探析[J].低碳世界,2020,10(02):41-42.

[30] 周珍.城市固体废弃物的处理及综合利用[J].中国资源综合利用,2020,38(02):60-62.

[31] 朱娇娇,陈荔,吴建俊.城市生活垃圾处理设施多目标优化选址研究[J].科技和产业,2020,20(02):131-135.